U0143064

# 可重复使用运载火箭
# 综合效能技术经济研究

唐 伟 刘思峰 著

科学出版社

北京

# 内 容 简 介

本书围绕航天型号研制阶段的各项因子，开展贫信息背景下可重复使用运载火箭研制费用的粗估、概估、精估、粗算及精算模型研究，形成可重复使用运载火箭技术经济一体化框架；构建已知研制费用的可重复使用运载火箭研制费用估算优化参数配置模型以及可重复使用运载火箭最优利用次数优化模型和回收随机网络仿真模型，为可重复使用运载火箭的研究及应用提供低成本、高可靠性的解决方案；基于灰色系统理论构建可重复使用运载火箭综合效能评价模型，为准确评估航天装备执行任务能力、保障任务能力以及完成任务能力等提供依据。

本书对于希望深入了解可重复使用运载火箭技术、经济和管理方面的群体来说是一本有价值的专业读物，可供航天领域专业人士和工程师、决策者和管理者、科研人员等阅读。

**图书在版编目（CIP）数据**

可重复使用运载火箭综合效能技术经济研究 / 唐伟，刘思峰著. —北京：科学出版社，2024.4

ISBN 978-7-03-077351-7

Ⅰ. ①可⋯　Ⅱ. ①唐⋯　②刘⋯　Ⅲ. ①重复使用运载火箭－研究　Ⅳ. ①V475.1

中国国家版本馆 CIP 数据核字（2023）第 253001 号

责任编辑：王丹妮 / 责任校对：姜丽策
责任印制：张　伟 / 封面设计：有道设计

科 学 出 版 社 出版
北京东黄城根北街 16 号
邮政编码：100717
http://www.sciencep.com

北京建宏印刷有限公司印刷
科学出版社发行　各地新华书店经销

\*

2024 年 4 月第 一 版　开本：720×1000　1/16
2024 年 4 月第一次印刷　印张：10 1/2
字数：205 000
定价：128.00 元
（如有印装质量问题，我社负责调换）

# 前　言

可重复使用运载火箭是当前国际航天重点前沿研究方向之一，相关研究可为人类和平利用空间、探索浩瀚宇宙提供快速、低成本的可行方案。随着新理念、新技术的不断涌现，为获得具有市场竞争力的低成本、高可靠性运载火箭方案，对于运载火箭系统复杂、研制难度大、任务周期长、技术状态变化多、经费规模大等问题，有必要开展基于航天系统工程与复杂系统管理理论的成本管理与控制、最优化发射次数及可重复使用运载火箭回收等方面的研究。本书重点研究内容如下。

1）基于 V-R³ 模型的可重复使用运载火箭技术经济一体化框架设计

针对贫信息、小子样情景，在保证安全性、可靠性的前提下，以实现可重复使用运载火箭技术经济一体化为目标，以"递增—回溯—递归"为内涵特征，基于航天型号 V-R³ 系统工程模式和航天复杂系统管理模型，针对可重复使用运载火箭从概念方案到软硬件研制各阶段的信息特征，提出可重复使用运载火箭研制费用粗估、概估、精估、粗算、精算及反向验证的双螺旋结构，构建可重复使用运载火箭研制费用估算技术经济一体化框架。

2）可重复使用运载火箭研制费用逐步分层估计模型构建

将可重复使用运载火箭研制费用的估计分为粗/概估与精估两个阶段。在粗/概估阶段，设计可重复使用运载火箭研制费用估算框架及筛选关键影响因子，构建研制费用粗估分数阶累加 GM(0, N) 模型[①]与 GM-PLS（grey models-partial least squares regression，灰色理论的偏最小二乘回归）概估模型。在精估阶段，根据可重复使用运载火箭的总体构成，将可重复使用运载火箭系统划分为箭体结构系统、推进系统、控制系统、飞行测量及安全系统、发射支持系统五个分系统，并通过对五个分系统的费用进行估算和累加，得出可重复使用运载火箭的总体费用。

3）可重复使用运载火箭研制费用估算参数优化配置模型构建

随着相关技术的进步，如火箭制造材料的更新、燃料性能的提升等，现有运载火箭研制费用估算模型误差变大。针对此问题，本书利用后验分布修正偏最小二乘模型中的参数提升研制费用预测准确率。因为 COCOMO II（constructive cost model II，构造性成本模型 II）中的部分指标，如工作量乘数的成本驱动因子指标、

---

① GM 中的"G"表示灰色（grey），"M"表示模型（models），GM 模型的全称是灰色理论的微分方程型模型。

比例因子指标等是使用专家评价法得到的，所以存在一定的主观性。因此，本书运用贝叶斯与灰色关联理论，调整专家权重，从而降低研制费用估计值与计算值的偏差。

4）可重复使用运载火箭回收 GERT 网络模型构建

可重复使用运载火箭成功发射离不开其日常维护与故障的及时诊断，且可重复使用运载火箭的回收也会产生一定的费用。本书从回收维修流程角度出发，构建可重复使用运载火箭回收 GERT（graphical evaluation and review technique，图示评审技术）网络模型，针对 GERT 解析算法适用于中小规模网络、计算量随网络规模的扩大而急剧增长的缺陷，采取图形评审技术仿真（graphical evaluation and review technique for simulation，GERTS）技术求解可重复使用运载火箭回收过程各项参数和概率，并对节点实现逻辑、计数统计、费用统计等方面进行扩展，以指导实际应用。

5）基于 Grey-ADCR 模型的可重复使用运载火箭综合效能评估

为解决航天型号效能评估缺少装备试验数据和发射实测数据带来的计算可用度与可信度指标困难以及相关参数不确定的问题，本书以 ADC 模型为基础，结合灰色系统理论与可重复使用运载火箭综合效能评价框架结构分析，构建 Grey-ADCR 效能评价模型。从全寿命周期角度分析航天型号效能评估，以区间灰数表征航天型号的部分基本属性。利用 Q-过程（Q-process，马尔可夫过程）理论，构建灰色矩阵微分方程，求解出 ADCR 模型中的变量 $A$、$D$、$C$，考虑全寿命周期成本对可重复因子 $R$ 进行计算，结合以上 $A$、$D$、$C$ 变量和可重复因子关键指标权重，算法给出了可重复使用运载火箭综合效能动态关系式，实现了贫信息背景下可重复使用运载火箭综合效能评估，为准确评估航天装备执行任务能力、保障任务能力以及完成任务能力等方面提供了依据。

综上所述，对可重复使用运载火箭综合效能技术经济方面的研究，契合新时代可持续发展和创新型国家建设需要，符合航天复杂系统管理新趋势。本书基于型号研制的全寿命周期，构建可重复使用运载火箭技术经济一体化框架，针对不同阶段建立研制费用估算模型，从回收维修流程出发，设计基于 GERT 网络的仿真模拟模型，提高可重复使用运载火箭研制费用估算的科学性、有效性，从而促进我国航天领域技术的快速发展乃至更高层面的航天强国建设，因此具有重要的理论与实践意义。

本书的研究工作曾得到国家自然科学基金项目（71671091，72071111）、国家科学技术部高端引智计划项目（G2021181014L）、陕西省三秦英才特殊支持计划创新团队项目，以及西北工业大学灰色系统与三航装备创新发展研究中心、南京航空航天大学灰色系统研究所学术著作出版基金的资助。感谢于景元教授、顾基发教授、盛昭瀚教授、李双琳教授、杨健教授、陈悦教授、方志耕教授、谢乃明教授、袁潮清教授、杨晓峰教授、陶良彦博士、董文杰博士，以及宋征宇研究员、王翔研究员、孙泽洲研究员、杨斌研究员等对本书内容的专业指导和悉心帮助。承科学出版社的马跃副总编辑、邓娴编辑、李嘉编辑、张旭编辑等通力合作，在此，作者向支持本书出版的专家表示深深的谢意！

　　限于作者水平，书中缺点在所难免，殷切期望有关专家和广大读者批评指正。

# 目　　录

# 第1章 绪　　论

## 1.1　研　究　背　景

### 1.1.1　可重复使用运载火箭发展需求

随着航天技术的持续发展，全世界航天大国逐步把航天运输技术向高性能、高可靠性、大型化、低成本以及响应迅速的方向发展。目前，世界航天发射需求激增，预计到 2050 年，全球进入空间的规模需求将突破十万吨，如果采取一次性运载火箭执行如此庞大的需求任务，将会导致发射成本激增，对当前运载火箭的运载能力形成了严峻的挑战。因此，采取低成本的可重复使用运载火箭执行发射任务是应对当前航天运输需求市场的最好途径。

运载火箭的新理念、新技术不断涌现，比如，中国的长征系列运载火箭[1]、美国的"火神"火箭[2]、俄罗斯的"安加拉"系列火箭[3-5]、欧洲的"阿里安"系列火箭[6]以及日本的 H-3 火箭[7, 8]等。随着通用化、系列化、组合化的设计思路和子级模块复用等新兴技术的应用，运载火箭的研制进入了一个新的黄金时代。21 世纪以来，可重复发射、清洁燃料、一箭多星方案等新技术需求越来越得到重视，为获得具有市场竞争力的低成本、高可靠性的商业运载火箭，航天领域越来越重视开展可重复使用运载火箭费用分析、成本管理与控制、技术研发等方面的研究。

（1）可重复使用运载火箭费用分析方面的研究。例如，对可重复使用运载火箭的研制、制造、维修、回收、操作的费用和其他费用进行分析，针对各费用的最可能影响因素，分别建立费用计算模型，然后为了给可重复使用运载火箭成本估算与费用降低提供理论支撑和客观依据，通过设计具体案例，对模型合理性进行验证。

（2）可重复使用运载火箭成本管理与控制方面的研究。例如，通过加强航空航天复杂装备的一体化、大型化设计，不断优化航空航天复杂装备及商业航天产品的研发流程，提高航天工程项目的管理水平，将新兴科技融入航空航天大型复杂装备研制的全过程，完善商业航天器和运载器的研制流程及标准；以市场化、标准化、通用化的方法助力量产降低生产成本，在箭体结构、发动机和导航控制等方面尽力采用通用化、市场化产品，优选商业货架产品替代价格高昂的宇航专用产品，以降低生产成本。

（3）可重复使用运载火箭技术研发方面的研究。大型复杂航天装备研发不同于传统医疗卫生药品研发、芯片及小型机械研发，可重复使用运载火箭技术研制难度大、环节联系紧密、研制研发活动链呈环形延展，很多关键研发技术研制任务重、周期长，需要和其他技术研发活动进行信息反馈和交换循环，无法借鉴传统行业的技术研发理念及经验。此外，现阶段我国可重复使用运载火箭技术发展面临重重考验，无论是硬件技术、软件技术，还是经费控制、仿真模拟，都亟待实现技术上的新突破，以实现大型复杂装备产业化。对可重复使用运载火箭费用估算方法的研究和经费管理控制技术手段的突破，既能增强我国航天的综合实力，也符合新阶段航天发展的时代要求。

从商业航天发展历程看，当前商业发射市场呈现如下特征：①低成本和短履约周期是商业运载火箭最突出的特点；②对于商业运载火箭费用分析以及成本管理与控制方面的研究相对较少；③数字化、智能化的发展，使得商业运载火箭产业链发生变化，商业运载火箭费用估算及成本管理与控制发生变化，如卫星制造、火箭制造、发射服务、卫星运营、科学研究、应用服务的界限不再清晰。在此国际商业航天市场、技术大发展背景下，各航天强国对太空资源日趋重视，我国也陆续开展了几型新一代可回收商业运载火箭研制工作，各行业对航天器价值进行更深层次的发掘，商业航天发射服务呈现出持续增长的态势。随着商业航天发射技术日渐成熟，火箭发射成本及履约周期有望持续降低。低成本、可回收的运载火箭和太空旅游、太空采矿、太空制造等新兴航天计划纷纷出现。

可重复技术实现低成本发射已得到验证并日益推广。相较于不可重复使用运载火箭 6200 万美元的发射成本，美国太空探索技术公司（SpaceX）的"猎鹰 9 号"运载火箭的发射成本减少了约 2000 万美元，降低了约 30%。美国蓝色起源公司也宣称可重复发射技术将持续降低发射成本，国际发射市场主流商业火箭参数与单次发射成本如表 1.1 所示。

表 1.1　国际发射市场主流商业火箭参数与单次发射成本

| 项目 | 型号 | | | | | | | |
|---|---|---|---|---|---|---|---|---|
| | Antares120 | Ariane5ECA | DeltaIV | Falcon9 | PSLVXL | Soyuz2 | H-ⅡA | ProtonM |
| 公司 | Orbital ATK | Airbus | ULA | SpaceX | ISRO | TaSKB | JAXA | Khrunichev |
| 国家或地区 | 美国 | 欧盟 | 美国 | 美国 | 印度 | 俄罗斯 | 日本 | 俄罗斯 |
| 首飞年份 | 2013 | 2002 | 2002 | 2010 | 2012 | 2000 | 2001 | 2001 |
| LEO（low earth orbit，近地轨道）/公里 | 4 900 | 21 000 | 9 420 | 13 150 | 3 250 | 1 820 | 10 000 | 23 000 |

| 项目 | 型号 | | | | | | | |
|---|---|---|---|---|---|---|---|---|
| | Antares120 | Ariane5ECA | DeltaIV | Falcon9 | PSLVXL | Soyuz2 | H-ⅡA | ProtonM |
| GTO（geostationary transfer orbit，地球同步转移轨道）/公里 | — | 9 500 | 3 060 | 4 850 | 1 425 | — | 4 000 | 6 920 |
| SSO（sun-synchronous orbit，太阳同步轨道）/公里 | 2 500 | 10 000 | 7 690 | — | 1 750 | 1 180 | 3 600 | — |
| 单次费用/百万美元 | 80~85 | 178 | 164 | 61.2 | | 80 | 90 | 65 |

当前，国内外对于降低运载火箭总成本的途径主要从产品生产和技术研发角度考虑，直接从可重复使用运载火箭费用分析及成本管理与控制方面进行的研究相对较少。

我国运载火箭系统复杂、研制难度较大、研制周期长、技术状态变化多、需匹配能力建设和经费规模大的问题始终阻碍着运载火箭的发展[9]。因此，经费估算成了运载火箭研究的"关键手"。成功研制可重复使用运载火箭也是帮助未来人类快速并且高效、低成本、常态化地进入宇宙空间的重要途径[9]。这些因素使得可重复使用运载火箭研制费用计算的研究变成了亟待解决的重大课题。

## 1.1.2 可重复使用运载火箭研制费用估算的贫信息特征

贫信息（poor information，PI）也可定义为灰色信息，是指基于现有理论、经验或统计数据无法判断该现象出现的可能性，即信息不完全、不确定[10]。目前，灰色信息的研究内容主要包括：灰色决策方法理论和灰色预测方法理论[10]、部分信息未知的"贫信息""小样本"不确定性系统[11]。灰色信息理论的问世和发展，极大程度上促进了国民经济的发展和现代化建设的进程，并带来了巨大的社会和经济效益。灰色理论和其他学科的深度交叉融合，在航天航空[11]、勘探与矿业[12]、军事装备及军事决策[13]以及军事装备磨损[14]等诸多领域都有所涉及。在航天复杂装备的设计、研制、生产等方面，贫信息问题普遍存在[15]，主要有以下特征。

（1）小样本。截至 2023 年，实现可重复使用运载火箭工程量化的只有美国的 SpaceX 公司，但受国家技术壁垒等条件因素的制约，其设计、研制、生产、发射等环节相关费用信息的可获取渠道以及可获取数量均受一定限制，导致费用估算信息匮乏。我国可重复使用运载火箭正在研制过程中，已取得阶段性突破，正在加速研制多型可重复使用运载火箭，但相应费用仍需进一步有效估算。

（2）不确定。由于灰色信息的认知局限性和随机性，需要精确计算的航天复杂装备的研制与管理充满了不确定性，尤其是贫信息下实验数据样本小，这使得可用来装备研制的信息价值性变得更低，给航天复杂装备的研制费用预测带来了十分严峻的挑战。

（3）技术经济一体化框架缺乏。由于可重复使用运载火箭的设计、研制、生产、发射等环节涉及的生产要素多、关联因素多，考虑到航天复杂系统管理的特性，航天系统技术经济一体化框架的研究相对较少，研制费用的估算模型、方法等缺乏一致性、普适性。

因此，面对新的航天发展形势，本书主要围绕可重复使用运载火箭的技术和经济集成研究工作，提出贫信息背景下基于灰色系统相关理论与方法对可重复使用运载火箭研制费用的粗估、概估、精估、粗算、精算模型，并通过参数优化配置模型对参数进行修正，提高费用预测准确度。基于上述成本测算模型和结果，通过建立可重复使用运载火箭最优利用次数模型，确定可重复使用运载火箭的最优利用次数，从而可以建立可重复使用运载火箭回收 GERT 模型，实现降低可重复使用运载火箭成本的目的。

# 1.2　研究意义

本书探讨贫信息背景下可重复使用运载火箭研制技术经济研究问题的理论意义有以下几个方面。

（1）基于航天复杂系统管理理论构建技术经济一体化框架，为贫信息背景下的可重复使用运载火箭技术经济集成优化问题提供理论框架。

（2）分阶段建立费用估算模型，为可重复使用运载火箭全寿命周期费用测算提供理论依据。

（3）基于最优利用次数和 GERTS 网络的回收仿真模型，为可重复使用运载火箭回收提供解决方案。

上述理论研究为可重复使用运载火箭研制的费用估算的实践提供了指导，具体包括以下两个方面。

（1）对标国际商业航天市场各国主力型号可重复使用运载火箭，结合航天型号系统工程，基于技术经济视角对我国在研可重复使用运载火箭的研制费用进行粗估、概估、精估、粗算、精算，从而为可重复使用运载火箭对发射市场需求的响应能力和适用性提供测算依据。

（2）面向未来商业航天发射市场任务需求，通过对我国在研可重复使用运载火箭的研制方案与发射成本进行测算，利用经济技术一体化的思想对发射方案与成本管理进行全过程优化，并对发射过程中的敏感因子进行分析，测算其规模经济效应，从而更好地支撑可重复使用运载火箭发射方案的设计。

# 1.3　国内外研究现状

## 1.3.1　贫信息相关理论研究现状

1982 年，邓聚龙在 *Systems and Control Letters*（《系统与控制通信》）期刊上发表了论文 "Control problems of grey systems"（《灰色系统控制问题》），标志着灰色理论的正式诞生[16, 17]，自此，灰色理论步入了一个高速发展的时代，并广泛应用于 IT、军事、金融、医学、教育、农业、交通等诸多科学领域，为国家社会和经济的发展助力繁多，带来了巨大的经济社会效应。《灰色理论是一个新的研究方向》[18]和《不确定性分析与灰色建模》[19]两篇论文的公开发表，标志着灰色理论体系的进一步完善，象征着 GM(1, 1)模型、灰色量等概念从此问世。GM(1, 1)模型是灰色理论中应用最为广泛的模型[20]，它本身是一类基于贫信息条件在时序累加的生成层次模型上用微分拟合法建成的一阶单变量的常系数常微分方程模型[15]，但显然这个模型还存在一定程度的局限性。在随后的一段时间，学者为了解决这个模型存在的问题，分别提出了 SCGM(1, *h*)系统云灰色模型（system cloud grey model）[21-25]和灰色关联模型，这些模型的提出进一步促进了灰色理论的发展。灰色理论从邓聚龙教授提出的一种基于点间关联系数的邓氏灰色关联度模型发展到一种基于整体视角或全局视角的灰色关联度分析模型[26, 27]，逐步经历了从无到有、从有到优的演化过程。

《中国软科学（1978～1992 年）》肯定了我国学者在灰色理论领域的开创性地位[28]，并对灰色理论方法进行了肯定。灰色理论自 1982 年诞生，便以其独特的科学特征和分析方法活跃在科学研究的各个领域，与其他领域进行了深度的结合和实践，并在此基础上形成了大量的文献资料，进一步促进了灰色理论的发展[29-31]。

## 1.3.2　运载火箭研制费用估算方法研究现状

由于系统复杂度高、研制难度大、研制周期长等特点，运载火箭在研制管理过程中存在大量不确定性因素，从而出现研制经费不足的情况，而且该情况已经成为困扰运载火箭研制生产的主要因素，这使得经费控制成了重要的管理手段。我国对于运载火箭费用控制的研究和应用都相对较晚，而且管理制度不够完善，相应数据收集、整理、保存得不够严谨，多采用定性估计的方法对研制费用进行估算，人的主观因素突出，对费用控制影响较大[32]。参数估算法、工程估算法、专家估算法及等工程费用比值法等仍为我国运载火箭研制费用估算的主流方法[33]。

1）参数估算法

参数估算法又叫统计分析估算法，是对型号研制的历史数据进行收集、分析、整理，把相关参数作为变量，建立研制费用与参数的统计模型，从而用于预测研制费用与特征参数的数量关系。该方法的优缺点非常明显，且均与是否具有足够的数据有关。历史数据越丰富，预测模型的构建越符合实际，预测精度越高，否则预测精度偏低，甚至无法开展参数估计[34-38]。

2）工程估算法

工程估算法的主要依据是工作分解结构（work breakdown structure，WBS），将复杂系统按照一定原则自上而下分解为若干子系统，直到分解为工作单元或工作包，然后对工作单元或者工作包的成本进行估算，进一步自下而上将各工作单元或工作包的成本估算值进行累加，最后形成系统的总研制费用。显然，WBS越细致，估算结果精度越高，然而所产生的工作量也是呈指数级增长的，因此需要做出决策均衡[39]。在对可重复使用运载火箭复杂系统进行研制费用估算时，我们可以按照可重复使用运载火箭结构图（图1.1），将其进行工作分解，然后进行单个子系统的费用估算，得到总研制费用。但是，由于可重复使用运载火箭的概念论证阶段具有非常多的不确定性，而且相应工程量也只能通过人员经验进行估计，工程估算法在可重复使用运载火箭的研制费用估算方面有一定的局限性。

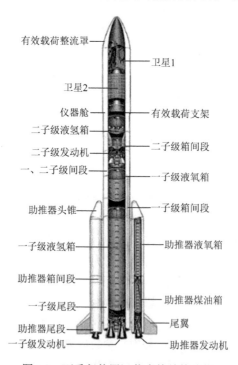

图1.1 可重复使用运载火箭结构分解

3）专家估算法

专家估算法为减少整体估算的误差，与工程估算法相似，先通过工作分解获得可重复使用运载火箭的 WBS，然后针对分解得到的工作单元或工作包，聘请相关领域的专家，依据专家经验对工作单元或工作包进行主观判断和粗略估算，之后自下而上进行汇总得到总研制经费。该方法依赖于专家经验，主观性较强，易受干扰，经常出现估算费用偏大的情况[40]。与工程估算法相比，专家估算法不必将系统分解得很细以减少工作量，此外，分解过细可能会导致难以与专家匹配，精度误差反而会沿着分解深度逐级放大。因此，该方法常用于可重复使用运载火箭概念论证阶段的研制费用估算。

4）等工程费用比值法

等工程费用比值法又叫费用类比修正法，是通过对不同国家研制同一类型技术产品的费用基于统计口径进行修正，形成比例值，然后根据参数估算法、工程估算法等方法，按照比例值进行可重复使用运载火箭的同比例费用估算。等工程费用比值法简单、步骤清晰。但是，一方面，不同国家之间研制可重复使用运载火箭型号往往存在差异，相应技术也会存在不同；另一方面，不同国家研制经费计算方式和范围存在差异，导致结果存在偏差，从而无法通过个例来进行简单对比[41]。因此，采用等工程费用比值法也存在数据收集困难的缺点。

上述估算方法的基本原理、优缺点以及适应阶段的比较分析见表 1.2 所示。研制费用的估算是大型复杂装备如可重复使用运载火箭等费用测算的核心，对相应理论或方法的研究，不仅能够支撑可重复使用运载火箭研制费用估算，还可应用于军事、工程等领域，具有较强的实践意义。但上述估算方法均存在诸多不确定性因素，导致费用预测或者估算受到不同程度的限制。因此，该领域受到了许多专家的关注，相关理论方法的研究也取得了一定的进展，如采用主成分分析或者灰色系统理论进行研制费用的预测或估算[42-44]，基于极大熵理论、神经网络模型等对大型复杂装备费用进行预算和估算等[45, 46]。

**表 1.2 各种估算方法的比较**

| 方法 | 基本原理 | 优点 | 缺点 | 适用阶段 |
|---|---|---|---|---|
| 参数估算法 | 通过对型号研制历史数据进行统计分析，提取特征参数，建立特征参数与研制费用的显性数学模型表达式，从而用于预测研制费用 | 能够准确客观地反映特征参数与研制费用的关系，由于基于准确的历史数据，预测精度较高 | 对基础数据收集、模型适应性选择方面具有较高的要求 | 多用于方案设计或者概要设计阶段 |
| 工程估算法 | 基于 WBS，将可重复使用运载火箭研制复杂系统自上而下分解到工作单元或工作包，基于工作单元或工作包的研制费用估算，自下而上对研制经费进行汇算得到系统总研制费用 | 该估算方法需对可重复使用运载火箭进行一定精度的工作分解，并形成 WBS，该方法的附属产物包括时间节点、进度等 | 需要大量人员参与数据收集工作，工作量大 | 主要用于详细设计、生产运行以及后期维护阶段 |

续表

| 方法 | 基本原理 | 优点 | 缺点 | 适用阶段 |
|---|---|---|---|---|
| 专家估算法 | 将研制内容分解到各部门或者分解到工作单元或工作包，然后依据各分解领域专家的经验进行主观判断和估算，最后进行汇算 | 思路清晰、方法相对简单、操作性较高 | 一方面依赖经验丰富的专家，另一方面受人的主观因素的干扰较大，容易产生偏差 | 主要用于概念论证阶段 |
| 等工程费用比值法 | 通过对不同国家研制同一技术产品的类比，并进行比例修正，对可重复使用运载火箭研制费用进行估算 | 操作相对简单、可套用已有模板 | 国别差异性导致经费预算套用模板具有一定的障碍 | 主要用于方案讨论阶段 |

### 1.3.3　可重复使用运载火箭相关技术研究现状

可重复使用运载器（reusable launch vehicle，RLV）通常是指一些能够多次在同一地球表面或者与同一太空目标之间实现重复飞行往返轨道的大型多用途轨道飞行器系统[47]，通过进一步提高航天器自身安全运行的可靠性，实现了快速、可靠、安全发射。RLV 能根据研制费用合理均分的经济原则，有效地降低发射单位的有效载荷的实际发射运行成本，因此如何研制高性能 RLV 一直以来是各国航天领域密切关注的一大热点。

运载火箭的可重复使用技术目前成为国际航天重点研究方向之一。美国基斯特勒宇航公司（Kistler）的 K-1 运载火箭、SpaceX 公司的"猎鹰 9 号"运载火箭已先后两次宣布并开始秘密着手开发研制出新一代的基于多级火箭入轨控制系统设计的可完全自主发射、可再供重复轨道系统使用的新型运载火箭。可进行快速或重复发射任务使用试验的新型运载火箭主要涉及的核心关键载荷技术系统设计技术包括：先进的高效节能的精确制导与导航测控设备集成和主动跟踪控制系统装备技术、气动布局结构的设计、返回着陆及垂直着陆和推进辅助系统总体的设计、结构可靠性检测/结构安全及热损伤疲劳等防护可靠性测试设计技术、主推进剂火箭发动机可靠性和可快速再生重复发射推进剂任务使用的试验装备技术基础研究技术以及火箭运载燃料能力可靠性设计方法等[48]。主要的运载火箭子级回收技术见表 1.3[49]。

表 1.3　运载火箭子级回收技术分类情况

| 类型 | 型号 | 进展（截至 2023 年） |
|---|---|---|
| 伞降回收 | 土星一号 | 完成缩比试验 |
| | 航天飞机助推器 | 工程应用，重复使用 |
| | 能源号助推器 | 提出概念 |

续表

| 类型 | 型号 | 进展（截至 2023 年） |
|---|---|---|
| 伞降回收 | 阿里安-5 助推器 | 工程应用，子级回收 |
| | 战神Ⅰ一子级 | 完成飞行试验 |
| | K-1 火箭 | 完成空投试验 |
| | 火神号火箭一子级 | 攻关中 |
| 垂直返回 | 德尔它快帆 | 完成低空飞行试验 |
| | 猎鹰-9R | 完成多次回收，突破相关技术 |
| | 新谢泼德 | 完成多次重复使用飞行试验 |
| | 新格伦号 | 提出概念 |
| 带翼飞回 | 贝加尔号 | 提出概念 |
| | MRKS-1 运载器 | 提出概念 |
| | 艾德琳（Adeline）系统 | 攻关中 |

（1）国外有关可重复使用运载火箭技术方面的研究。美国运载火箭[50]的研制较早，20 世纪 60 年代末，美国率先提出并系统论证了研制可连续重复使用的轨道器系统的技术设想，但是纵观美国运载火箭可重复连续使用的运载器理论的完整研究历史，存在整体计划安排不合理、计划高估自身的研制能力、企图通过低费用研制高技术产品的问题，再加上技术手段低、装备条件差、时间进度管理差，导致可重复航天器研制计划大多失败。美国的 SpaceX 公司[51]自行研制及生产出来的"猎鹰 9 号"火箭可供再一次重复发射使用，包括可供再次重复发射使用过的一级、二级火箭，第一级火箭从亚轨道上垂直滑翔返回，第二级火箭在再入太空时在热防护系统的有效保护的状态下垂直地滑翔返回，这类两级以上火箭返回方式与航天飞机坪上垂直滑翔返回方式不同，以垂直滑翔和下降的形式降落，最终通过四个支架逐渐垂直下降，随后进行燃料补充、修复等维护工作，重新准备进行下一次火箭发射。2017 年 2 月，ESA（European Space Agency，欧洲航天局）与美国空客赛峰发射公司签署技术合同文件[52-54]，共同投资推动了法国项目 Prometheus（普罗米修斯）液氧甲烷可供重复使用固体火箭发动机装置的联合研发，并在后续三年里正式开展火箭发动机试验。俄罗斯国家航天集团公司宣布其研发的"阿穆尔"可重复使用运载火箭计划 2026 年首飞，这款二级火箭中的第一级将会像"猎鹰 9 号"火箭助推器那样回到地球并以垂直姿态实施有动力着陆[55]。由此可见，美国对于可重复使用运载火箭的研究最早并且在该方面已经取得了一定成绩，尽管其在早期提出设想的阶段遭遇了多次

失败，但是近年来 SpaceX 公司在可重复使用运载火箭相关技术方面已经取得了突破性成功；俄罗斯、印度等在可重复使用运载火箭方面还处于试验阶段，在近几年都将进行可重复使用运载火箭的初次试验，通过试验的成功与否来确定方案是否可行，以期大幅降低未来的航天发射成本。

（2）国内有关可重复使用运载火箭技术方面的研究。我国于"十二五"期间已针对新型可重复使用的运载器等进行了相关方案总体优化与系统关键优化技术应用的前瞻性研究，随着专项研究持续推进，基于连续重复循环使用的运载器研发的载人天地往返综合运输服务系统总体方案及其后续拓展技术应用服务系统概念得到了更高度的关注。果琳丽等[56, 57]分别在 20 世纪 90 年代末率先提出了中国未来轨道运载火箭完全重复发射使用的具体途径研究和技术方案研究设想，进行了我国两级入轨或完全轨道重复发射使用轨道运载火箭关键技术的全轨道仿真模拟计算，验证提出了实现两级入轨或完全轨道重复发射使用轨道运载火箭方案的理论可行性。龙乐豪等[58]提出 3 种先进运载火箭技术途径，具体包括围绕改进传统混合动力运载火箭构型设计，火箭重复载荷使用、升力式火箭复合动力设计与火箭重复载荷设计使用运载器技术以及火箭组合动力技术与火箭重复负载设计使用运载器技术，通过分析研究总结形成了我国重复使用运载火箭的主要技术、发展思路、框架目标和路线。

欧峰和张晓慧[59]系统总结了国内外军用航天和飞行器机载人体健康评估与跟踪管理等服务保障技术发展研究成果及其运行现状，研究了我国未来可直供与重复再使用航天运载器健康管理系统架构模型以及部分关键系统支撑与技术方案设计，提出了一套适合未来机载飞行健康、航天地面和应用设备开展协同与集成服务的机载生命健康综合服务及管理应用支撑系统方案。李志杰等[60]首次对航天飞机全寿命任务周期中的航天器性能与其可持续重复使用的次数间的对应关系进行系统分析，研究结果表明可连续重复多次使用的航天器性能在社会经济效果上较一次性循环使用的航天器性能有更为明显的优势，且当每次可循环重复多次使用的次数达到 10 次或者以上时，能够有效将运营成本降至最低。吴冬梅[61]设计了可重复使用航天器风险分析的框架和风险分析的流程，并且构建了风险分析方法评价的多级指标体系以及基于模糊多属性决策方法的风险分析方法决策模型。郑雄等[62]简要介绍了"猎鹰9号"可重复使用运载火箭的回收方案，梳理了相关试验情况，并对设计的关键技术进行了分析，最后在此基础上对研制经验和对我国开展可重复使用运载火箭的研究的启示进行了总结。徐大富等[63]总结归纳了重复使用技术 60 多年的发展历程，认为我国在发展可重复使用运载火箭时应该兼顾技术先进性、经济性与可靠性，聚焦关键技术预研并且进一步加大研发支持与投入。

张国成等[52]全面回顾了美国可连续重复使用的空天运载器系统的发展，比较系统地分析总结了美国系列可连续重复使用型空天运载器总体发展情况,指出新型可连续重复使用的空天运载器系统应首先具备可连续重复使用飞行能力、水平垂直起飞速度和水平降落加速能力,并判定吸气式发动机组合可满足动力要求等。杨开和米鑫[64]通过回顾 SpaceX 公司重复使用运载火箭的发展历程,发现其成功的重要因素包括有明确的技术路线和目标、技术验证与飞行任务相结合以及型号技术状态的快速迭代等。

从以上分析可以看出,我国自"十二五"时期开始对于可重复使用运载火箭相关研究工作的关注度越来越高,部分学者在可重复试验运载器的健康管理系统、可重复使用航天器的经济性与重复次数之间的关系以及可重复使用航天器风险分析等方面进行了研究,为我国推进可重复使用运载火箭研究工作提供了一定的参考;此外,还有部分学者通过分析和总结国外可重复使用运载火箭的发展历程、技术特点,将这些成功有效的经验进行提炼,有助于弥补我国现阶段可重复使用运载火箭发展过程中存在的不足[65]。同时,部分可重复使用运载火箭研制生产公司已经在海南、山东烟台等地布局可重复使用运载火箭研制生产基地,进行发射场地建设和海上回收设施建设。

## 1.3.4 可重复使用运载火箭经济性研究现状

目前,全球主流运载火箭仍是使用化学火箭发动机推进,一次任务执行需要花费数百吨的燃料,这不仅导致运载火箭任务执行成本昂贵,还使得一次性运载火箭的运载能力非常有限。因此,世界各航空航天大国相继开展了对可重复使用运载火箭的研究。不同于普通一次性运载火箭在发射完毕后即完全自行废弃利用的利用方式[66-68],可重复使用的运载器能够通过其他不同的使用方式再次回收使用并能多次进行发射[69-72]、重复投入使用,采用回收费用合理均可摊付的成本原则,能大幅有效降低单位有效载荷及发射回收成本[73-77],具有较高潜力的综合军事用途和特殊民用经济价值[78-80]。

Curran 等[81]回顾了工程成本建模的应用现状,同时分析了设计和制造过程对成本的影响,在并发工程环境中引入集成产品和过程开发,指出需要将成本集成到决策过程中。Jeong 等[82]指出降低发射成本的最有效方法是重复使用运载火箭,并总结了 SpaceX、蓝色起源、维珍银河和 XCOR 等公司的可重复使用商业运载火箭技术。Schwabe 等[83]针对航空航天领域的小样本数据,描述了一个基于空间几何原理的框架,实现了成本不确定性的可视化,并给出了一种可量化和预测成本不确定性的依赖模型。结果表明,成本不确定性可能由成本方差数据的几何对称性决定。通过使用该框架可以确定蒙特卡罗模拟中估计的"最可能取值",并推广所引入的依赖模型。Yu 等[84]分析了国内外运载火箭的发射价格,研究了低成本运载火箭的现状和趋势，介绍了利用低成本制造和经营模式以及通过先进技术来降低成本两种措施；另外，还分析了小型卫星的发射策略，如跟踪发射、网络发射和小型运载火箭单次发射；最后，讨论了可重复使用运载火箭的发展趋势以及国内可重复使用运载火箭的发展前景。Dinardi 等[85]指出 SpaceX 猎鹰系列运载火箭高可靠性、低成本的发射服务极大地降低了卫星项目的全生命周期风险。与其他类似的运载火箭相比，"猎鹰 1 号"和"猎鹰 9 号"的成本明显降低，该模式不仅扩展了新的商业机会，还为卫星行业对外开展发射服务的想法提供了范式转变的可能性。Seedhouse[86]描述了 SpaceX 是如何同时考虑简单性、低成本和可靠性的：通过消除传统的内部管理层和外包，在加快决策和交付的同时降低了成本；另外，通过确保设计和制造团队之间紧密的反馈回路来保持更严格的质量控制。Jones[87]指出商业发射系统大大降低了太空发射的成本，除了发射供应商在降低成本以外，卫星开发商也在降低成本，这将对太空工业、军事航天和 NASA（National Aeronautics and Space Administration，美国国家航空航天局）产生重大影响。Reddy[88]指出 SpaceX 对可重复使用的运载火箭技术非常重视，研究发现其竞争对手的发射服务提供商也正在计划将可重复使用的发射系统引入产品组合，可重复使用性正迅速成为运载火箭行业的规范。Durbin[89]研究了燃料最优引导和控制的实现，由八个不同阶段组成最优控制问题，并且使用一个二维运载火箭模型来表征系统动力学，从而构成了实现 MPC（model predictive control，模型预测控制）控制器的基础。结果表明，MPC 控制器在油耗和自我控制方面比 PD（proportional-derivative，比例-微分）控制器更有优势，且 MPC 控制器的计算频率对性能有不可忽视的影响，但由于可靠性和执行速度的限制，它仍然存在一些缺陷。

刘博和申麟[90]根据 SpaceX 公司官网披露的数据进行了大致推算，一子级重复使用 1 次，"猎鹰 9 号"火箭的发射报价可降至 4536 万美元，降幅约 25.9%；一子级重复使用 2 次，发射报价可降至 3896 万美元，降幅约 36.3%。

庄方方等[91]对我国完全可重复使用运载火箭全寿命周期总费用系统模型的基本组成结构等关键问题进行了深入研究，并进行了理论实证分析，建立并完善了中国完全可连续重复多次发射并使用的新一代运载火箭全寿命周期费用模型。基于此模型和分析模型，分析得出每一级完全可再重复发射和使用型运载火箭费用与每一子级完全可再重复发射和使用型运载火箭单枚单次平均发射时间和全寿命周期的平均费用、随级数运载火箭平均发射间隔和使用次数，以及与平均费用的变化对应关系。研究结果表明，随着运载火箭发射枚数逐步增多或与发射火箭的次数间隔值的差值逐步增加，可连续重复发射的运载火箭的每单枚发射与每单枚次火箭发射的平均全寿命周期制造费用也得到逐步降低，且当运载火箭重复发射次数间隔值达到了某一阈值时，发射单枚单次运载火箭的平均全寿命周期制造费用要远低于运载火箭本身的寿命周期设计制造维护总费用。因此，在运载火箭降低可循环重复投入使用整个运载火箭全寿命周期设计的总体费用过程中，降低操作和维护的费用同样不可被忽视。

鲁宇等[48]指出可重复使用运载火箭的主要成本由研制总费、制造总费、发射场费用、回收运输费、维护保养维修费和其他附加费用构成。研制总费就是指在制订方案阶段进入具体生产的研制实施阶段期间所必须花费的上述各类基础研制材料费用支出的加权总和；制造总费是指生产制造火箭所必需装备的所有硬件产品费用构成；发射场费用主要指由火箭推进剂费用、发射升空前技术操作费用、发射场安全管理经费和后续地面技术设施支持投入等相关费用构成的费用；回收运输费主要包括在每次火箭发射成功后进行箭体结构样品的回收、运输管理和技术检查考核等的费用；维护保养维修费主要包括每次航天发射任务完成后的火箭及主要设备部件维修的技术维护运行费用、修复或更换零部件费用以及设备维修中的机械人工成本费用等；其他附加费用为一些其他情况不可被预测估计的合理费用。

高朝辉等[65]研究了"返回原场"和"不返回原场"两种方式的运载能力损失情况，结果表明，"不返回原场"一子级仅需要预留 6.82%的推进剂量，运载能力损失为 28.90%，相较于子级"返回原场"方案超过 50%的运载能力损失大大降低。

此外，牟宇和魏威[92]、李莲和魏威[93]、李飞等[94]还分别从研制模式与公司管理等视角对"火神"火箭和"猎鹰 9 号"火箭低成本原因进行了定性分析。周伟等[95]、杨希祥等[96]针对固体动力运载火箭控制方案，提出了多属性评价方法和推力向量控制方案。杨梅英和沈梅子[97]、何沙玮等[98]、刘凤华和谢乃明[99]基于灰色系统理论，针对贫信息情景对费用进行估算。李登科等[100]、黄隽等[101]、于小红等[102]、廖武等[103]基于 BP（back propagation，误差逆传播）神经网络或 DEA（data envelopment analysis，数据包络分析）方法提出了运载火箭费用估算模型。

## 1.3.5 商业运载火箭研制/发射方案优选研究现状

面对全球运载火箭发射市场激烈的竞争环境，只有在商业运载火箭研制/发射方案优选中，将技术和经济有机结合，才相当于掌握了制胜的关键。从这个角度来看，实现经济技术一体化就是运载火箭研制/发射方案优选的核心和本质。坚持航空航天运载火箭研制与管理全过程的经济技术一体化，可以降低设计工作的风险和不确定性，避免盲目地研究与管理程序，从而提高市场竞争力与战斗力。另外，坚持经济技术管理的一体化经营的企业理念要体现在运载火箭生产与设计控制的两个阶段的全过程，在预算过程控制、差异分析管理等多方面体现出企业技术经济管理工作一体化运营的基本观念。

运载火箭研制/发射方案的组成是多样化的，随着科学技术的发展以及实际的需要，该领域已经被越来越多的国内外专家重视，代表性研究如下。

周伟等[95]为进一步切实研究我国新型固体运载火箭计划采用多级设计方案优化组合方法问题，针对采用多级设计方案组合时遇到的由多参数指标、多属性、多方案导致的复杂系统的多种设计组合方案及综合分析优选设计方案过程和系统设计与评价耗时长、效率低等设计瓶颈问题，提出一种基于信息熵概念理论和状态变权向量综合优化设计的近似理想点排序优选模型（technique for order preference by similarity to an ideal solution，TOPSIS），该多参数指标属性综合优化和评价模型理论方法，通过重新定义构造折中型运载火箭的动力状态和变权向量，建立新型固体运载火箭多级推力参数组合优化方案的排序与优选方法以及性能评价模型，并开展新型固体运载火箭多级动力组合评价、方案排序优选等研究工作。分析结果表明，TOPSIS 方法能够在更短时间内给出科学有效的综合解决方案，达到快速解决优化设计组合的目的。该研究方法与其他传统设计综合优化研究方法和研究思路相比，具有简单快速、科学高效、实用的优点。

杨希祥等[96]分别从火箭推力向量、固体导弹运载及其保障任务能力变化的三个理论角度组织开展了我国固体运载火箭发动机推力向量控制系统性能指标比较评价及理论分析试验研究，设计与开发出一种新型的多级轨道固体运载火箭方案，即通过将增广乘子法和共轭方向法相结合，对多层轨道固体运载火箭发动机的上升段和下弹道段等进行综合，实现系统性能全面优化后的总体设计，给出系统运载任务能力的可靠性评估等研究结果。张雪松[104]基于费效最优视角探讨了小卫星发射方案优化问题。

方世力[32]以技术、成本、经济一体化为逻辑主线，构建灰信息背景下的运载火箭研制方案费用测算与方案筛选模型，分析我国运载火箭研制费用测算与方案选择现状及不足，进而从技术维度入手，构造基于任务要求的运载火箭技术方案"灰靶屋"筛选模型，解决技术维度的方案初选问题；设计运载火箭研制费用关键驱动因子极大熵筛选模型，构造运载火箭研制费用灰色测算模型，测算研制成本；搭建"技术-成本-市场"一体化视角下研制方案"灰色关联筛选屋"模型，为运载火箭研制方案的综合筛选提供理论参考和技术支持。

### 1.3.6　文献评述

综合以上文献分析，国内外在可重复使用商业运载火箭技术方面都进行了相关研究，在可重复使用运载火箭技术上，美国在全球处于领先地位，SpaceX 公司已经成功研制了可重复使用运载火箭并且使各项可重复使用相关技术得到了验证，印度、俄罗斯、中国等关于可重复使用航天器的技术研究工作都正在积极推进。在运载火箭研制与发射费用估算研究方面，国内外专家学者对费用进行估算主要采用的方法是参数估算法，由于我国可重复使用运载火箭的发展尚未成熟，已有的该类型火箭的相关参数、数据较少，因此如何利用参数估算法等对可重复使用运载火箭的研制费用进行估算[105]值得进一步思考。在可重复发射运载火箭经济性研究方面，已有研究主要针对经济性与发射次数之间的关系、可重复发射运载火箭的成本构成要素进行了分析，缺少对如何确定使经济效益达到最大化的重复发射次数的相关研究[106]。在商业运载火箭研制与发射技术经济优化方面，国内外学者也展开了深入全面的研究，但如下方面尚存在改进空间：①对未来商业航天发射市场的发展趋势、运营模式缺乏系统性梳理和研判；②对于商业运载火箭费用的测算侧重于研制阶段，对于发射阶段考虑不足，缺乏对运载火箭全寿命周期费用的分析；③在运载火箭全寿命周期中，其技术指标、成本指标均存在不确定性，现有模型侧重于对指标之间映射关系、指标体系构建的研究，忽略了这本身是一个不确定性优化问题；④可重复使用运载火箭是未来商业运载火箭发展的重要方向，对于可重复使用运载火箭的费用估算与经济性分析缺乏定量研究；⑤对全寿命周期视角的可重复使用运载火箭技术经济一体化研制与发射方案优化尚缺乏系统研究。

## 1.4 研究技术路线、内容及方法

### 1.4.1 研究技术路线

本书研究技术路线如图 1.2 所示。本书在对可重复使用运载火箭现状与发展趋势进行分析的基础上，结合运载火箭研制费用估算研究现状，对贫信息背景下可重复使用运载火箭研制费用估算模型进行研究。首先，基于航天系统工程理论演化及其面临的挑战，结合航天型号 V-R$^3$ 系统工程和航天复杂系统管理模型，提出基于 V-R$^3$ 的可重复使用运载火箭研制技术经济一体化框架，从而依据信息获取程度将研制费用估算模型分解为可重复使用运载火箭研制费用粗估与概估、精估与粗/精算模型。其次，在已知研制费用的情形下，通过构造 COCOMO II 研制费用估算参数优化配置模型，反推验证可重复使用运载火箭的粗估与概估、精估与粗/精算模型参数，形成基于航天型号复杂系统管理应用的可重复使用运载火箭研制费用粗估与概估、精估与粗/精算研究闭环。再次，通过构建可重复使用运载火箭最优利用次数模型，采用解析法计算最优利用次数，并通过 GERT 网络进行仿真验证来调整和配置最优利用次数模型，从而形成可重复使用运载火箭研制费用受最优利用次数模型的影响的研究闭环。最后，通过构建 Grey-ADCR 模型，对可重复使用运载火箭综合效能进行评估。

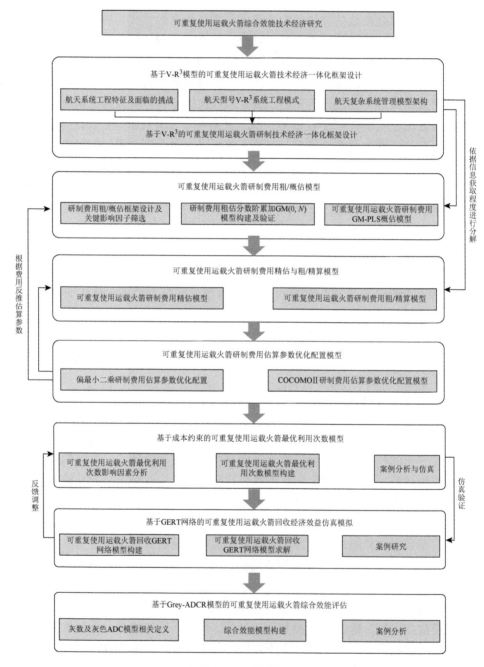

图 1.2　研究技术路线

## 1.4.2 研究内容及方法

航天型号全寿命周期分为四个阶段：预研、研制、生产和售后。本书主要围绕研制阶段的可重复使用运载火箭费用估算模型进行研究。

本书针对可重复使用运载火箭信息特别是经济性信息贫乏的特征，基于灰色系统理论、系统工程理论以及复杂装备研制管理实践，从理论和实践两个角度提供可重复使用运载火箭技术经济一体化问题的解决方案。首先，按照系统工程理论和思维，通过剖析经典"V"模型，构建以"递增—回溯—递归"为内涵特征的航天型号任务研制 V-R$^3$ 系统工程模式，设计可重复使用运载火箭技术经济一体化框架，为可重复使用运载火箭技术经济集成优化研究提供顶层指导，针对可重复使用运载火箭小样本特征，设计不同研制阶段的费用估算框架，提出基于灰色聚类样本筛选的分数阶累加研制费用粗估模型，并设计基于 GM-PLS 的可重复使用运载火箭研制费用概估模型；其次，构建基于 COCOMO II 的可重复使用运载火箭研制费用精估模型，基于 WBS-CBS（work breakdown structure-cost breakdown structure，工作分解结构-成本分解结构）和 PBS-CBS（product breakdown structure-cost breakdown structure，产品分解结构-成本分解结构），开展可重复使用运载火箭研制费用的粗算和精算工作；再次，通过对可重复使用运载火箭最优利用次数的影响因素进行分析，构建获取最大经济效益的可重复使用运载火箭最优利用次数模型，开展仿真计算与分析，并对仿真结果进行参数敏感度分析；最后，构建可重复使用运载火箭研制费用 GERT 网络仿真模拟模型，提出可重复使用运载火箭 GERT 网络解析算法及 GERTS 拓展方法，并基于 Grey-ADCR 模型对可重复使用运载火箭综合效能评估实际案例进行分析。具体研究内容的章节安排如下。

第 1 章是绪论。通过对可重复使用运载火箭发展情况进行分析，综合得出本书的研究背景，并指明本书的研究意义，在此基础上，对贫信息背景下可重复使用运载火箭及其研制费用估算相关的国内外研究现状进行综合分析，给出本书的研究内容，列明研究方法，并绘制相应的研究技术路线图。

第 2 章是可重复使用运载火箭现状与发展趋势分析。对商业航天运载火箭发展历程、全球可重复使用运载火箭现状、可重复使用运载火箭研制方向以及回收技术进行分析，并在此基础上，提出可重复使用运载火箭的发展趋势。

第 3 章是基于 V-R$^3$ 模型的可重复使用运载火箭技术经济一体化框架设计。针对航天系统工程特征及面临的挑战，设计航天型号 V-R$^3$ 系统工程模式，并融合航天复杂系统管理，构建航天复杂系统管理模型框架，在此基础上，设计基于 V-R$^3$ 的可重复使用运载火箭研制技术经济一体化框架，为可重复使用运载火箭研发费用估算奠定基础。

第 4 章是可重复使用运载火箭研制费用粗/概估模型。在灰色聚类分析和关键影响因子识别的基础上，对火箭型号数据进行灰色关联聚类分析，筛选出关联度较高的因子进行计算。为进一步提高计算精度，根据灰色系统思想，构建研制费用粗估分数阶累加 GM(0, $N$)模型。在此基础上，将 PRICE 模型融入灰色系统理论，建立可重复使用运载火箭研制费用 GM-PLS 概估模型，通过对基于灰色聚类的 GM-PLS 的航天型号研制费用估算案例进行分析，验证了模型的准确性和有效性。

第 5 章是可重复使用运载火箭研制费用精估与粗/精算模型。通过对方案设计阶段每一分系统所需的费用进行估算，得到在给定分系统关键指标要求下可重复使用运载火箭研制及发射全过程的精估费用；基于 WBS 对初样设计阶段流程中的工作活动进行细分，并对每一项工作活动的大致费用进行累加，以此得到可重复使用运载火箭研制全过程的粗算费用；根据可重复使用运载火箭的 PBS，将其每一部分产品转化为物料清单（bill of material，BOM），借助 BOM 模型和财务报表得出精算费用。

第 6 章是可重复使用运载火箭研制费用估算参数优化配置模型。基于得到的可重复使用运载火箭研制费用估算幂函数模型，借助贝叶斯统计相关理论，利用参数的后验分布来修正模型中的参数，采用偏最小二乘法构建参数配置模型，用火箭型号数据对模型进行求解验证，并对构建的 COCOMO II 可重复使用运载火箭研制费用精算模型参数，采用贝叶斯、灰色关联等专家权重修正法进行修正，得到专家后验权重概率，实现研制费用估算模型参数优化。

第 7 章是基于成本约束的可重复使用运载火箭最优利用次数模型。首先，对可重复使用运载火箭的最优利用次数进行影响因素分析；其次，以经济效益最大化的运载火箭最优利用次数作为目标函数构建可重复使用运载火箭最优利用次数模型；最后，以某型号为例，开展仿真计算分析，并对仿真结果进行参数敏感度分析，由此来验证最优利用次数求解模型的可行性。

第 8 章是基于 GERT 网络的可重复使用运载火箭回收经济效益仿真模拟。在可重复使用运载火箭成本费用估算模型构建及参数调优的基础上，为更加准确和深入地估算可重复使用运载火箭的成本费用，基于可重复使用运载火箭最优利用次数模型，采用 GERT 网络描述可重复使用运载火箭的回收维修流程，并建立 GERTS 仿真网络，从部件级别对可重复使用运载火箭的成本费用、最优利用次数进行仿真分析。

第 9 章是基于 Grey-ADCR 模型的可重复使用运载火箭综合效能评估。从全寿命周期角度进行航天型号效能评估，以区间灰数表征航天型号的部分基本属性。利用 Q-过程理论，构建灰色矩阵微分方程，求解出 ADCR 模型中的变量 $A$、$D$、$C$，考虑全寿命周期成本对可重复因子 $R$ 进行计算，结合以上 $A$、$D$、$C$ 变量和可重复因子关键指标权重，算法给出了可重复使用运载火箭综合效能动态关系式，从而实现了贫信息背景下可重复使用运载火箭综合效能评估，为准确评估航天装备执行任务能力、保障任务能力及完成任务能力等提供了依据。

第 10 章是结论与展望。对本书研究内容进行总结，并针对研究中的不足提出未来可能的研究方向。

综上所述，本书主要运用的研究方法包括文献归纳分析法、数据挖掘与知识图谱、对比分析法、系统工程、灰色系统关联、分数阶累加预测、灰色预测最小二乘法、WBS、COCOMO II 以及 GERT 网络仿真等。具体研究方法的使用在本书各章中均有相应说明及介绍。

# 第2章 可重复使用运载火箭现状与发展趋势分析

## 2.1 可重复使用运载火箭现状分析

航天逐渐成为各国引领发展的聚焦点，世界航天进入大发展、大变革的新阶段，越来越多的国家高度重视并大力发展航天事业。2020 年，美国发布新版《国家航天政策》、第 5 号和第 6 号航天政策令以及《国家行星保护战略》等多项战略政策，为航天能力发展营造良好环境，巩固全球航天强国地位。俄罗斯推动制定《2021—2030 年俄罗斯联邦国家统一航天活动计划》以及第三版《俄联邦国家安全战略》等战略规划，以指导本国航天的发展。欧盟委员会通过《欧洲可持续空间》政策，强调发展新型航天能力，推动航天在欧洲经济发展中发挥重要作用。中国制定并发布《2021 中国的航天》，开启全面建设航天强国新征程，鼓励商业航天发展，面向航班化发射需求，持续开展重复使用航天运输系统关键技术攻关和演示验证工作。目前，中国可重复使用运载火箭相关研究还处于发展阶段，长征八号火箭已经开展了可重复和智慧化相关技术的验证。

### 2.1.1 商业航天运载火箭发展历程

目前，人类进入太空的主要方法仍是采用运载火箭。航空航天技术水平，尤其是运载火箭的研制水平决定着一个国家进入、利用和控制空间的能力。运载火箭作为航空航天技术水平的代表，已成为近几十年来备受飞行器界关注和青睐的运载工具，同时也在不停地更新迭代：从单芯级火箭发展成捆绑型火箭，再从捆绑型火箭发展成通用芯级捆绑火箭[107]，随后发展至一次性火箭[108]和垂直发射、垂直回收火箭[109]。

1957 年人类第一次在航天发射领域有所突破，在航天发射技术上实现了首次成功，自那以后，世界运载火箭分别经历了"争夺太空霸权"、"确保技术领先"、"实现高效可靠"和"创新发展模式"四个阶段。其中，商业航天公司的"领头羊"SpaceX 首次在 2015 年使用垂直回收技术完成火箭回收工作，并且之后继续钻研可重复使用运载火箭回收技术，使得运载火箭的发展从此进入了以可重复使用为特征的"创新发展模式"阶段。

运载火箭的发展核心一直是追求高标准高要求的可靠性、任务适应性和经济性，因此其评判标准的核心指标为发动机与箭体直径。运载火箭的发展若想向前迈进一大步，则需要将核心指标提升 50%以上，其中，可重复使用性是实现创新发展模式的重要指标。由于各国在航天技术水平上的任务需求、产品设计理念和技术保障能力不同，各国的运载火箭发展导向也存在一定的差异。

## 2.1.2　国外可重复使用运载火箭现状

可重复使用运载火箭是廉价、可靠、快速地进入空间的重要途径。在过去的几十年中，国外在天地往返技术上开展了大量研究并取得了标志性成果。美国和俄罗斯都掌握了部分重复使用的航天飞机技术，但在降低成本、提高使用效率和可靠性方面未达到预期目标。航天飞机实施项目化建设后，世界典型国家正积极探索各种可重复使用运载火箭方案，如火箭动力/吸气式组合动力入轨，取得了一定进展。此外，迎着可重复使用运输技术的发展契机，多家商业公司积极探索火箭一子级垂直起降方案，并取得一定突破。

1）美国可重复使用运载火箭发展历程

自 20 世纪五六十年代起，美国就一直从事天地往返技术和可重复使用运载器的基础研究工作，美国空军实施的 X-15 和 X-20 计划都积累了丰富的可重复使用技术经验，X-15 的速度曾达到 6.7 马赫①，X-20 的研究成果为航天飞机的研制提供了有益经验。

1981 年，NASA 成功研制出航天飞机，实现了人类历史上天地往返技术的重大突破。航天飞机像火箭一样采用垂直发射的方式发射入轨，像飞船一样实现再入，像飞机一样在大气层内飞行并在跑道上着陆。航天飞机可以在近地轨道实现精确的定点停泊，并作为在轨服务平台，开展各类科学研究和维护工作。不过航天飞机过于复杂，载人兼运货操作效率低，每年飞行次数不到 10 次，单次成本接近 15 亿美元，未能实现最初设想的通过部分重复使用来大幅降低航天发射费用的目的。2011 年 7 月，航天飞机完成第 135 次任务后退役。

2001 年之后，美国空军大力推动"作战快速响应空间"概念落地落实，要求研制快速响应运载器，先后开展了"猎鹰"计划、"快速响应、小载荷、经济上可负担的发射"计划、"经济上可负担的快速响应航天运输"计划、X-37B 轨道试验飞行器计划及可重复使用助推器系统（reusable booster system，RBS）计划等。美国空军通过这些项目逐步明确了要实现火箭动力两级入轨的天地往返系统研制任务：一方面，充分利用航天飞机的技术成果，研制出尺寸和规模更小的 X-37B 轨道试验飞行器，并已经成功完成 46 次长时在轨飞行试验，2023 年底利用重型猎鹰

---

① 1 马赫 = 340.3 米/秒。

第 7 次发射升空；另一方面，将带翼水平返回的技术推广应用到亚轨道级，开展了"经济上可负担的快速响应航天运输"计划和 RBS 计划，2024 年正由美国国防部高级研究计划局（Defense Advanced Research Projects Agency，DARPA）组织开展试验性太空飞机（XS-1）计划。XS-1 的目标是实现 10 天内发射 10 次，单次发射成本低于 500 万美元，LEO 运载能力达到 1.4～2.3 吨。

与此同时，美国也进行了多项吸气动力技术验证计划。2001～2004 年，NASA 利用 Hyper-X（高超音速试验）计划下的 X 验证机进行了 3 次飞行试验，验证了在选定的试验条件下演示机身一体化超燃冲压发动机动力飞行器的性能。之后，美国空军通过 X 飞行试验也在吸气式超燃冲压发动机技术上取得了重大进步，并通过"先进全速域发动机"等项目进一步探索吸气动力技术方案。

火箭动力方面，麦道公司设计了"三角快帆"试验机（DC-X），该类运载火箭是世界上第一台完全可重复使用的以火箭发动机为动力、垂直起降的飞行器，其首次采用 4 台膨胀循环液氧液氢发动机，可重复使用次数可达到 20 次，这使得火箭系统的垂直起降技术、快速飞回技术和地面简化保障技术实现了进一步突破[110]。

洛克希德·马丁公司在可重复使用运载器技术上采用垂直起飞、水平降落的升力体方案，设计了一款名为 X-33 的可重复使用运载器，其为冒险星（venture star）方案的试验机，采用了 RS-2200 液氧液氢气动塞式喷管发动机，其间共进行了 73 次全尺寸试车，累计试车时间达到 4000 秒，但由于该火箭中的轻质量液氢贮箱等关键技术无法突破，冒险星方案已于 2001 年取消。

此外，多家商业航天公司也在探索各类重复使用火箭方案和可重复使用亚轨道旅游飞行器方案。成立于 2002 年的 SpaceX，在 2017 年 3 月 31 日利用可重复回收技术使得之前回收成功的火箭子级再次成功发射，同时也实现了成功回收，实现了有史以来第一次火箭子级的可重复使用，同时在垂直起降回收技术上取得了突破，经过多年的发展，SpaceX 的垂直起降回收技术已经十分成熟，2022 年 4 月 30 日，SpaceX 在卡纳维拉尔角太空军基地的太空发射场 40 号使用"猎鹰 9 号"成功完成"星链"组网 4-16 任务，将 53 颗星链卫星送往 LEO 轨道，执行此次任务的助推器编号为 B1062.6，这是其第 6 次执行飞行任务，距离执行上一次任务仅 21 天 6 小时 16 分，再次刷新了"猎鹰 9 号"最快的周转时间的纪录，并打破了"猎鹰 9 号"单月发射纪录，实现单月发射成功 6 次。蓝色起源公司的"新谢泼德"系统同样采用垂直起降技术，2020 年实现了 7 次飞行和回收，2021 年完成 3 次亚轨道载人飞行。维珍银河公司的太空船二号亚轨道飞行器采用空中发射水平返回着陆的方案，太空船二号已经完成了大量飞行试验，但是由于设计问题，两名飞行员在试验过程中一死一伤，飞行器也在试验中坠毁。太空船二号在 2019 年 9 月完成第 5 次商业飞行任务，搭载 3 名飞行员成功抵达太空，2021 年再次完成亚轨道载人飞行。

2）欧洲可重复使用运载火箭发展历程

欧洲早在 20 世纪 70 年代就针对天地往返技术开展了大量研究工作。1983 年法国提出往返于空间和地面的可重复使用带翼载人飞行器"使神号"计划，并利用"阿里安 5"火箭顶推发射。1984 年英国航天部门提出了霍托尔水平起降的单级入轨可重复使用运载器方案，采用一种吸气式火箭发动机，通过燃烧压缩空气，达到马赫数为 5 的飞行速度。1985 年联邦德国提出了森格尔两级空天飞机的方案设想。然而，这些计划均因预算、技术和研制周期等方面的问题被迫中止。

欧洲对天地往返技术的探索一直都在持续进行，从 20 世纪 90 年代开始，欧洲在整个 ESA 层面上又相继开展了一系列关于航空航天运载器技术计划。目前正在执行"未来运载器准备计划"，已在 2015 年 2 月 11 日利用"过渡性试验飞行器"（intermediate experimental vehicle，IXV）成功开展再入飞行试验，研究重点是演示验证再入系统的关键技术，为未来发展经济型天地往返飞行器进行技术储备，以执行轨道运输、科学探索、对地观测、太空垃圾清除等任务。IXV 的测试任务持续了大约 100 分钟，该技术的成功实现不仅验证了飞行器的机动性、制导系统和下一代防热系统的性能与可靠性，还提升了对大气再入、高超声速飞行和系统重复使用性等技术的理解。

ESA 针对天地往返技术的发展路线制定了如下实现步骤，通过大气再入验证机（atmospheric reentry demonstrator，ARD）、实验再入试验机（experimental tester，EXPERT）对天地往返所需的再入技术进行初步研究之后，在 ARD、EXPERT 及 IXV 等计划的基础上，提出创新型空间飞行器（innovative space vehicle，ISV）项目。该飞行器设有一个可满足不同任务模块有效载荷的多用途载荷舱，可放置从空间站带回的物品。

ISV 在所有飞行状态（如高超声速、超声速、跨声速、亚声速）下，都能以高机动性和控制性完成轨道脱离并滑翔返回，并精确着陆于常规跑道。飞行器组件二次使用的可能性可达到完全或部分使用，与一次性的运载器相比极具竞争力。同一架飞行器的目标是重复飞行 3～5 次。该项目将验证全部飞行条件的系统与技术性能，主要目标是为未来自主利用空间的新方案铺平道路，同时提供未来新一代民用天地往返系统的初步技术原理。此外，该项目还会利用几种有效载荷，验证探测、地球观测或微重力试验等在轨技术。

此外，欧洲近年来还提出了重复使用返回式助推飞行器技术方案"艾德琳"，利用带翼箭体有动力飞回方式回收火箭第一级主发动机和箭上航天电子系统等关键部件，并使回收的系统重复使用 10～20 次，目标是在 2025～2030 年将"艾德琳"用于新一代运载火箭"阿里安 6"上，以降低 20%～30%的发射成本。

从欧洲的天地往返技术发展历程可以看出，欧洲早期曾提出过多个天地往返运输系统，但基本只是停留在方案论证阶段，并未进行更深入的验证计划。2020 年，

ESA 通过 IXV 项目验证高速再入技术，并规划未来的 ISV 项目，进一步探索天地往返系统的返回技术。英国继承了原来的"霍托尔"方案，重点研究"云霄塔"单级入轨飞行器，开展组合动力技术研制工作，但该方案距离实际应用仍有许多改进空间，可以为远期的天地往返运输系统积累技术。

3）日本可重复使用运载火箭发展历程

日本于 1987 年首次提出 HOPE（霍普）重复运输系统发展计划，该 HOPE 为小型无人航天飞机，使用运载火箭对其进行发射，最后遥控降落至日本或澳大利亚。随后，日本于 1992 年决定先研制出有翼无人机 HOPE-X，然后分步推进，实现运载器的完全再利用。为了获得研制天地往返系统的数据积累并进一步降低风险，1994 年以后，日本分别在轨道再入、高超音速、自动着陆等飞行技术上进行成功试验，在防热和再入飞行等方面的飞行技术上实现了有效突破。

1998 年，日本对 HOPE-X 计划进行适当调整，同时开启新的飞行演示计划。2000 年 8 月，日本再次修改 HOPE-X 计划，决定冻结制造 HOPE-X 模型，HOPE-X 计划暂时画上句号。

在 HOPE-X 之后，日本航天在重复使用技术领域主要对火箭基组合循环动力技术和以此为基础的两级入轨重复使用飞行器方案进行了理论研究，并对动力系统开展了少量的技术验证试验。

4）印度可重复使用运载火箭发展历程

印度的可重复使用运载器技术验证机（reusable launch vehicle-technological display，RLV-TD）在 2005 年完成论证，但是由于当时印度正在着力开展低温上面级的研制工作，直到 2012 年 ISRO（Indian Space Research Organisation，印度空间研究组织）才正式宣布开始研制 RLV-TD。2012～2016 年，RLV-TD 总投入为 9.5 亿印度卢比，约合 1400 万美元。

2015 年初，ISRO 又进一步宣布重复使用技术验证的四项计划：高超声速飞行试验、着陆试验、返回飞行试验和超燃冲压试验。高超声速飞行试验是为了验证大攻角条件下从高超声速飞行过渡至亚声速飞行的受控下降段的能力，着陆试验是为了掌握飞行器的自主着陆能力，返回飞行试验是为了验证动力巡航飞行返回至发射场，并在跑道上水平着陆的能力。这三项试验计划是逐步递进的，顺序验证重复使用技术，最终的目标是实现两级入轨的可重复使用飞行器研制。超燃冲压试验则利用重复使用飞行平台，搭载超燃冲压发动机模块，开展高超声速飞行试验。

2016 年 5 月 23 日，印度对 RLV-TD 进行第一次飞行试验，即高超声速飞行试验。试验中，RLV-TD 垂直安装在 HS9 助推器顶部，点火起飞后经 91.1 秒，助推器将 RLV-TD 加速至 5.2 马赫，并在距离地面处和 RLV-TD 分离。RLV-TD 滑行至最高点，随后以 5.5 马赫的速度进入飞行验证阶段，通过机身上的各种传感器

测量高超声速滑翔中的过载、温度和压力等数据。当 RLV-TD 下降高度时，RLV-TD
的导航控制系统开始工作，转入制导飞行阶段，控制验证机飞向预定的着陆区，
最终在孟加拉湾海域的虚拟跑道上降落，用于模拟飞行器在陆地着陆的情况，整
个飞行过程持续约 770 秒。从实际性能来看，RLV-TD 仅是一架初级的技术验证
机，距离重复使用还有很大差距，未来还需要经历着陆、返回、动力巡航等试验
阶段，距离应用还需数十年甚至更长的时间。

## 2.2　可重复使用运载火箭研制方向

### 2.2.1　火箭动力带翼水平返回亚轨道级

　　带翼水平返回的亚轨道助推级是利用机翼滑行返回再入，并在跑道上着陆的
助推级。美国空军的 RBS 采用带翼水平返回的方案，并开展了大量的方案论证和
评估工作，但由于经费问题，空军被迫停止 RBS 计划。之后 DARPA 接力 RBS
项目，开展技术验证项目 XS-1。

　　1）RBS

　　RBS 一经提出就得到全世界学者和研究人员的关注。RBS 由两个部分组成，
分别为可重复使用第一级和一次性使用的上面级。该系统采用垂直发射方式，两
个部分各自飞行至分离点之后开始返程，最后像飞机着陆一般降落至发射场。RBS
的周转周期为 8 小时，发动机可重复使用 10 次，机身可重复使用 100 次。如果每
年飞行达到 8 次，其发射费用将降低 50%。美国空军曾考虑一系列潜在的 RBS 构型，
从小型到中型再到重型。小型 RBS 的 LEO 运载能力约为 2.3 吨，中型为 9.1 吨，重
型为 29 吨。尽管 RBS 是基于成熟技术发展，但重复使用的技术难度仍高出预期，
导致项目未能获得后续的经费支持，于 2012 年被迫中止。

　　2）XS-1

　　XS-1 配备可重复使用的第一级助推器，单次发射费用低于 500 万美元。在财
政预算大幅缩减且空天威胁增加的大环境下，灵活快速且成本可负担地进入空间
的能力至关重要。XS-1 致力于低成本发射小载荷，以及"简单发射台"的概念和
操作。同时，XS-1 项目也可进一步完善未来高超声速飞行器和进入空间飞行器的
关键技术与操作过程，推动高超声速技术成熟化，执行全球覆盖的常规情报监视、
侦查及其他军事任务。将 XS-1 的设计、技术和相应的操作概念应用于未来飞行
器是该项目最重要的意义。

　　XS-1 项目分三个阶段进行：第一阶段进行初步设计和风险降低；第二阶段进
行最终设计、制造、总装测试；第三阶段开展飞行试验。

3）"贝加尔"号飞回式助推器

"贝加尔"计划是俄罗斯在 1998 年左右开展的可重复使用运载火箭项目。"贝加尔"号在可重复使用技术上实现了一些历史性突破。例如，该运载火箭在可重复使用次数上可达到 100 次，且有 80%的空重可进行重复使用，同时在经济成本方面可比"质子号"火箭降低 30%～50%。当火箭开始起飞，其机翼开始折叠，助推器使用里面装有大约 110 吨的推进剂火箭发动机（RD-191）点火推动火箭加速上升，将火箭送至大约 60 千米的空中。这时，火箭的助推器与其他部分分离，机翼打开，滑行飞过稀薄的外大气层。最后，安装在飞行器头部的 RD-33 喷气发动机开始工作，其尾部、尾翼及稳定装置与机翼协同完成飞行姿态控制，并利用自己的导航系统使助推级像飞机一样返回发射基地。

按照设计方案，"贝加尔"号助推器可以和"安加拉"运载火箭组合使用，把有效载荷送入近地轨道。当采用双助推器配置时，它能把 9.3 吨有效载荷和 1 吨有效载荷分别送至近地轨道和地球同步转移轨道。当采用 4 台助推器配置时，能将 18.4～22 吨有效载荷、4.4～5.66 吨有效载荷和 2.5～3.2 吨有效载荷分别送至近地轨道、地球同步转移轨道和地球同步轨道。不过由于"安加拉"火箭项目整体研制进度的滞后，"贝加尔"号助推器项目也没有更多进展，近年来该项目也逐渐销声匿迹。

## 2.2.2　火箭动力带翼水平返回轨道级

带翼水平返回的轨道飞行器通过一次性运载火箭或者可重复使用助推级发射进入轨道，将载荷带入轨道，在轨执行各类维护和服务任务以及军事任务等。航天飞机轨道器作为第一个成功应用的轨道飞行器，实现了重复使用轨道飞行器的技术突破。在航天飞机退役之后，美国空军以作为军事用途为主要目标开展的 X-37B 项目进一步推动了带翼水平返回轨道飞行器技术的发展，单次飞行在轨时长已经超过了 600 天，验证了多项关键技术。同时，内华达山脉公司研制的"追梦者"飞行器在 2019 年执行了国际空间站货运补给任务，进一步拓展了这类飞行器的应用范围。

1）X-37B

X-37B 轨道试验飞行器由于与航天飞机轨道器外形类似，同时带有浓厚的军事色彩而备受关注。与航天飞机轨道器一样，X-37B 采用翼身融合体构型，尺寸为航天飞机轨道器的 1/4；二者的发射方式有类似之处，都是利用火箭垂直发射入轨，水平返回。X-37B 与航天飞机轨道器也有许多不同之处：X-37B 设计在轨运行 270 天，而航天飞机轨道器设计在轨运行不超过 30 天；X-37B 采用了更加先进的韧化单体纤维增强抗氧化复合材料防热系统等先进的重复使用技术；在用途上，X-37B 是军用空间机动飞行器的验证机，不能够载人，但航天飞机轨道器可以作为部分重复使用运载工具运送航天员。

X-37B 长 8.9 米、高 2.9 米、翼展 4.5 米、起飞质量 4989 千克，载荷舱长 2.1 米、直径 1.2 米，能够安装 227～272 千克的有效载荷，飞行器再入时重约 3402 千克。X-37B 主要试验的技术包括：先进的制导、导航与控制技术、防热系统、电子设备、高温结构与密封、可重复使用隔热层和轻质机电飞行系统。此外，X-37B 还将验证自主轨道飞行、再入和着陆技术。

2）"追梦者"飞行器

"追梦者"是一个带翼的小型航天飞机，利用火箭发射，像飞机一样在跑道上着陆。载人型"追梦者"曾参与商业乘员计划的竞争，但最后输给了 SpaceX 和波音公司的飞船方案。不过，内华达山脉公司凭借货运型"追梦者"在 2016 年 1 月获得了 NASA 的第二轮国际空间站货运补给合同。货运型"追梦者"机翼可折叠，能够采用 5 米整流罩发射；软件升级，完全自主操作；尾部拖有一个货物模块。"追梦者"可向国际空间站运输 5.5 吨货物，能够携带 1.75 吨货物返回地球，返回过程中的最大过载为 1.5 克。

### 2.2.3　火箭动力的垂直起降运载火箭一子级

垂直起降是指火箭子级在完成任务后，使用自身携带的控制系统和动力装置，依照设定的轨迹自主飞回场地进行着陆，在着陆场着陆过程中以垂直的姿态缓缓降落，是一种可重复使用运载火箭的回收技术。垂直返回相较于水平着陆方式来说对火箭外形及总体布局的影响较小。

美国空军和 NASA 在 20 世纪 90 年代通过 DC-X/XA 项目对垂直起降技术进行了初步验证。近年来，蓝色起源公司和 SpaceX 再次关注垂直起降技术，分别在亚轨道太空旅游飞行器和火箭一子级重复使用上采用了该项技术。

1）DC-X/XA

1990 年麦道公司首次提出了火箭动力单级入轨、垂直起降、完全重复使用的运载器——德尔它快帆。DC-X 和 DC-XA 都是该方案的验证机。

DC-XA 是 DC-X 技术验证机的改进型，主要用于验证铝锂合金和复合材料液氧箱、复合材料液氢箱、低温健康管理系统等技术。尽管 DC-XA 使用了一些新的部件，增加了一些质量，但 DC-XA 的净质量仍比 DC-X 少 10%，主要是由于使用了新型材料。

截至 2020 年底，DC-X 和 DC-XA 先后分别进行了 8 次和 4 次飞行试验。DC-X 的最大飞行高度为 2500 米。DC-XA 的最大飞行高度为 3155 米。其中，DC-XA 在最后一次飞行试验中烧毁。

2）"新谢泼德"亚轨道飞行器和"新格伦"火箭

"新谢泼德"亚轨道飞行器的飞行高度可达 100 千米左右，2015 年 12 月～2016 年 9 月成功进行 5 次火箭助推器的陆地垂直回收试验及 4 次重复使用飞行试验，旨在提供低廉的太空旅游服务。从 2015 年开始，蓝色起源公司正式对其亚轨道飞行器"新谢泼德"开展飞行试验。该飞行器在上升段时，其宇航员需承受 3 倍过载。

2016 年 9 月，蓝色起源公司启动了"新格伦"部分可重复使用运载火箭研制计划，可提供低成本商业卫星和载人飞行发射服务。

3）SpaceX 的一子级重复使用技术

SpaceX 2012 年利用猎鹰 9-1.0 一子级改造的"蚱蜢"验证机突破了垂直起降技术，并在 2012～2013 年对其进行 8 次试验来进行验证；2013 年猎鹰 9-1.1 开始使用，并于一年后利用改造的猎鹰 9-1.1 验证机进行比之前飞行高度更高的验证试验；2015～2016 年对其实施可重复回收技术验证，直至 2017 年，在可重复回收火箭发射上一共实现 18 次发射、18 次成功；2018 年，重型猎鹰首飞成功，实现 21 次发射、21 次成功；2019 年，重型猎鹰完成 13 次发射任务，实现整流罩首次复用和火箭 4 次复用，并以火箭 52 次连续发射成功的战绩再次刷新了全球运载行业的纪录；2020 年全年完成 26 次发射，改进运载火箭回收方法，使用救援船顶上的大型网将半个鼻锥的整流罩从空中拉出，实现了安全回收；2021 年，一级火箭 B1069.1 创下第 100 次回收纪录；2022 年 4 月，刷新 6 次发射 6 次成功纪录、火箭回收复用 21 天纪录、首个"全私人"宇航团队乘坐"龙飞船"返回地球纪录等多个纪录。

此外，SpaceX 还提出了基于垂直起降技术的星际运输系统（interplanetary transport system，ITS），未来将用于载人火星探索以及火星殖民。ITS 包括助推级、星际飞船以及加注飞船三部分，采用新研制的猛禽液氧/甲烷发动机，可以重复使用。如果作为一次性运载器使用，ITS 近地轨道运载能力为 550 吨；如果三部分都重复使用，其近地轨道运载能力为 300 吨。ITS 的助推级高 77.5 米，直径 12 米，结构质量 275 吨，推进剂 6700 吨，采用 42 台海平面型猛禽发动机。

## 2.3　可重复使用运载火箭回收影响分析

可重复使用运载火箭技术中最关键的一环是对运载火箭的箭体进行回收。回收方式目前为三种，分别为伞降回收、垂直回收和带翼飞回。

### 2.3.1　对总体设计体系的影响

火箭箭体的回收方式对总体设计体系具有不同的影响，其中，伞降回收和垂直回收两种方式对总体设计体系的影响较小，带翼飞回的影响最大。

伞降回收方式需要对运载火箭的子级增加降落伞系统以及缓冲气囊的空间。其中级间段位置留出降落伞系统布置空间，而缓冲气囊则是在级间段、箱间段、后过渡段等位置选择前后布置方案留出缓冲气囊布置空间。在运载火箭降落过程中，为了降低回收难度，除了控制火箭子级姿态调整外，还可以通过降落伞转换吊挂、火箭主体结构提供相应的吊挂点并预埋吊线的方式进行减速着陆，这样不仅能降低回收难度，而且对火箭总体设计改动影响较小，实际实施比较方便。

垂直回收方式主要是在传统火箭设计基础上进行改进，对构型调整比较小，不影响整体设计。需要在构型上做如下调整：在设计阶段给火箭尾部留出支撑缓震机构的空间，增加多个支撑缓震机构，在火箭上升过程中该机构呈"收紧"状态，折叠在内部，返回过程中逐渐展开；同时，为了能够调整火箭着陆的姿态，保证垂直回收，需要对返回过程添加姿态的控制系统以及相应的气动舵设计。

如果采用带翼飞回方式，将会导致运载火箭助推器部分的多个面以及系统发生改变，如缓冲系统等。这一系列变化会导致后续火箭的整体构型、发射回收仿真实验、生产加工以及制造相应发生变化，使得整个研制过程的复杂性大大提高。

### 2.3.2　对运载能力损失的影响

在对运载能力损失的影响方面，伞降回收方式对运载能力损失的影响最小，大多数情况下低于 10%，垂直回收和带翼飞回表现相对较差，均达到 20% 以上，其中，垂直回收又分为垂直返回原场和垂直不返回原场，两种方式的损失程度稍有不同，前者达到 40% 以上，而后者为 20%。带翼飞回同样也分为返回原场和不返回原场，而两者对运载能力损失的影响均达到了 30% 以上。

### 2.3.3　对主发动机的技术要求

伞降回收方式需要对运载火箭的发动机进行针对性改装，以提高运载火箭发动机在回收过程中的适应性；垂直回收方式不仅需要多次重启发动机，其复杂的多维约束同时也对运载火箭发动机推力调节的能力提出了更高的要求；带翼飞回方式只需要启动一次发动机，相比于垂直回收方式，其对运载火箭发动机的大范围调节能力的要求相对较低。

### 2.3.4　回收过程的复杂性影响

伞降回收方式的落区范围大，精度较低，需要开展进一步的搜索工作，回收过程相对复杂；而对于垂直回收和带翼飞回回收方式，两者均能实现相对较高的落点精度控制，至于具体使用何种回收方式，需要具体问题具体分析，针对不同的运载火箭发射回收要求，进行具体、合适的选择。

## 2.4　可重复使用运载火箭发展趋势分析

### 2.4.1　提供廉价、快速、机动、可靠的航天运输能力

在可持续发展的经济背景下，可重复使用运载火箭的使用能够降低经济成本，并提高一定的经济环境效益。同时，采用 RLV 这种新型的发射方式，不仅能够缩短火箭发射的周期，还能够提高火箭发射的灵活性。因此，可重复使用运载火箭符合航天运输系统的未来发展趋势，也是军、民、商发展重复使用运载器的根本需求。

其中，民用、商用航天领域更注重低成本的目标。在控制空间、利用空间作战需求牵引下，军方更关注快速响应进入空间的能力，提出经济可承受的成本要求。2008 年《美国国防部高超声速计划路线图》提出，快速响应进入空间的近期目标是实现 8 小时内响应，24～48 小时再次发射，飞行器重复使用次数达到 250 次，推进系统重复使用次数达到 100 次。

### 2.4.2　火箭动力发展是近期天地往返系统最主要的动力方案

火箭发动机技术近年来已逐渐成熟，其成功实践在各式运载火箭和航天飞机上，目前包括航天飞机主发动机、俄罗斯的 NK-33 和 RD-180 火箭发动机、SpaceX 的隼-1D 发动机等，许多具有重复使用设计特征的火箭发动机已投入使用。除此之外，还有许多该类火箭发动机正在研制过程中，包括美国蓝色起源公司的 BE-4 液氧/甲烷发动机、SpaceX 公司的"猛禽"液氧/甲烷发动机以及欧洲的普罗米修斯液氧/甲烷发动机等。因此，目前可重复使用的火箭动力技术逐渐成熟，并在该行业属于天地往返系统的主流动力方案。

### 2.4.3　垂直起飞、带翼水平返回方案是各国天地往返技术发展的主线

美国成功研制出了航天飞机，这是唯一投入使用的天地往返运输系统，共完成了 135 次飞行任务，航天飞机正是采用了带翼水平返回的设计方案。航天飞机在 20 世纪七八十年代不仅验证了该设计方案的可行性，还实现了热防护等

一系列的关键技术突破，为该类飞行器的发展奠定了基础。航天飞机作为民用航天领域的运输工具由 NASA 负责，由于对成本较为敏感，因此被迫退役，此后天地往返系统的研究逐步转移到美国军方。美国空军依靠航天飞机的技术和研制经验，成功研制出了带翼水平返回的轨道级飞行器 X-37B。同时，空军也通过"经济上可负担的快速响应航天运输"计划和 RBS 计划，论证带翼水平返回的亚轨道级飞行器，其作为两级入轨飞行器的第一级，受项目经费影响被迫终止，研究计划项目转变为由 DARPA 承研的 XS-1 项目，并继续研究带翼水平返回的设计方案。由此可以发现，带翼水平返回设计方案一直以来作为各国在运载火箭设计方面的主要研制计划。

### 2.4.4　吸气式组合推进技术仍处于技术攻关和验证阶段

吸气式组合推进技术能显著拓展飞行器的高度–速度包线，是未来 RLV 的重要动力方案。近年来，随着以超燃冲压发动机为代表的高速推进技术的不断突破，组合推进技术迎来快速发展契机，但仍面临很多技术挑战，主要包括高温材料、热管理、机身一体化、进气道和喷管设计以及推进模式的平稳转换等。

根据美国空军提出的吸气动力发展规划、洛马公司 SR-72 的项目规划以及"佩刀"发动机的研制进展，国内专家推测国外组合推进技术可能在 2030 年左右得到突破，并将首先应用在重复使用的高超声速飞机上，执行远程精确打击和侦察监视任务，2040 年后才能真正具备完全重复使用能力，可能会应用到重复使用运载器上。

## 2.5　本　章　小　结

可重复使用运载火箭属于航天复杂装备，具有结构复杂、生产制造技术困难、研制周期长等特点，这些特点导致了长期以来可重复使用运载火箭的发展较为缓慢、发展方向模糊、研究手段和信息匮乏等。本章对可重复使用运载火箭的现状、研制方向和回收影响进行了总结概述，并据此对可重复使用运载火箭的发展趋势进行了分析和评述，为接下来开展的一系列具体的研究打下了坚实的基础。

# 第3章 基于V-R³模型的可重复使用运载火箭技术经济一体化框架设计

系统工程理论和方法在我国航天型号任务完成中发挥了重要作用，保证了我国航天事业一个又一个型号任务的完成。新时代背景下，航天型号研制任务呈现新特征，从以少量串行型号任务作为行业牵引，到依托完备的行业体系完成并行的多样化任务，支撑国家重大专项的顺利实现。随着研制能力的升级与研制过程的转变，急需对系统工程进行系统总结，以助力航天型号研制任务持续成功。本章的主要目的是通过提炼航天型号任务中的系统工程新模式，剖析经典"V"形模型，构建出航天型号任务研制以"递增—回溯—递归"为内涵特征的V-R³系统工程模式，进而从可重复使用运载火箭设计、研制、生产、发射四个环节对该模式进行深入解析，阐明可重复使用运载火箭研制技术经济关系，并建立基于V-R³的可重复使用运载火箭费用估算框架。

## 3.1 航天系统工程特征及面临的挑战

系统工程是实现人类目的的重要手段，有其自身"进化"的方向。系统工程是组织管理"系统"的规划、研究、设计、制造、试验和使用的科学方法，是一种对所有"系统"都具有普遍意义的科学方法[111]。国际系统工程协会将系统工程定义为一种跨学科和综合的方法，可使用系统原理指导下的科学、技术和管理方法来使工程系统成功地实现、使用和退出[112]。我国系统工程理论和方法起源于20世纪60年代初的导弹研制工程，这项复杂的高技术系统工程涉及多种专业技术，需要巨大的资源投入，具有很高的风险。在当时经济、技术基础薄弱的条件下，在较短的时间内，我国集中全国有限的资源，有效地利用科学技术最新成就，完成导弹的研制任务[113]。20世纪八九十年代，在航天型号研制中设立两条指挥线，逐步完善系统工程组织模式。20世纪90年代至21世纪初，在连续遭受多次失利之后，逐步形成了技术归零、管理归零、风险识别与控制等风险控制方法，针对航天型号系统工程各个要素制定了规范化的管理与评估体系。

NASA将系统工程划分为系统设计、产品实现和技术管理三套通用流程[114]，采用全寿命周期管理和通用过程管理，设置相应任务目标和里程碑控制要求，每个阶段均开展技术评审，进行必要的评估和决策。ESA以保证航天工程任务成功为目标，把管理与工程有机结合，建立了一套以技术与质量为核心的系统工程管理体系与规范，内容涵盖系统工程、电子工程、机械工程、产品保证与安全性等[115]。以 NASA 和 ESA 为代表的航天系统工程方法强调对型号的分解，按照里程碑节点推进，以技术、管理为主线进行研制活动统筹，其系统工程思想本源更接近于还原论，即将复杂的事物、现象化解为各部分的组合来加以理解和描述。中国的航天系统工程思想本源更接近系统论，强调以系统为对象，从整体出发来研究系统整体和组成系统整体各要素的相互关系，从本质上说明其结构、功能、行为和动态，强调把握系统整体，以达到最优的目标。究其原因，西方以还原论为基础是基于强大的工业基础和知识积累，基于系统论的中国航天系统工程则是适合我国基本国情的智慧选择，属于工程系统工程的范畴，可作为大规模科学技术工程进行深入研究、探讨，是集科学层次的理论问题、技术层次的开发问题、工程层次的产品问题研究于一体的复杂巨系统[116]。

我国系统工程的核心思想可概括为"综合集成、集成综合、迭代深化、放大细节、严格管理、快速成熟"[117]。系统工程从任务需求和上层系统要求出发，权衡确定系统的功能和性能，进而分解为分系统，从整体角度协调总体与分系统、分系统与分系统之间的界面关系，设计并组织系统试验和验证，最终完成综合集成，得到满足需求的系统产品[118]。由于系统工程理论与方法在航天型号研制任务中的成功应用，以及一代又一代航天人的奋发努力，我国航天事业取得了世界瞩目的辉煌成就。

### 3.1.1　航天系统工程的独特性与复杂性

一般重大工程的特点是规模大、投入高、影响大，具有跨学科、跨领域、跨层次、跨部门等特性[119]。作为一个多学科、多专业有机结合的大规模的系统工程，航天型号研制具有协作面广、利益相关方多、高风险性、高不确定性和决策影响因素多等特征[120]。其中，高风险性、高不确定性是航天工程最主要的特点。

航天工程始终与风险抗争，需要有正确的方法和有效的工具及时管控风险。风险存在于技术、组织、团队、个体等各方面，通过不断质量归零和举一反三、总结经验和探寻规律，做好风险规避、风险控制、风险接受及风险转移等工作。航天型号研制技术路径选择、技术积累、技术验证具有高度不确定性，管理过程中质量、进度、成本等具有不可预知性偏差。风险来源于天地显著的差异性和空间活动的不可预知性所致的不确定性。受限于现有的研制手段和技术水平，难以在地面进行提前验证和开展全面模拟，存在诸如在轨操作无试验机会、只能一次成功等现象，因此才会遇到高度不确定性的难题。

航天工程的复杂性体现在以下两点：①专业面广，综合性强。总体涉及力、热、电磁、机械、流体、控制等多个学科和专业，总体设计需要综合考虑各专业、各系统、各层面不同的应用需求，还需综合考虑在型号全寿命周期内不同的应用需求，其工作模式通常表现为多学科耦合和多目标优化，强调要有较强的容错能力，系统要具有健壮性，任何技术管理问题要能够被限制在局部，不影响全局[121]。②协调面广，影响巨大。航天工程各系统之间的接口须通过总体进行协调。总体负责与用户协调、负责与发射场协调、负责有效载荷与运载器之间的协调等，大量的系统协调工作涉及的系统和单位众多，内容繁杂，相应的技术状态控制难，接口匹配风险大。型号研制利益相关方众多，各方需求、偏好与冲突需要融通。总体设计的规范条件和要求覆盖面广，指导各分系统的研制工作，一旦出现问题则影响巨大[122]。

## 3.1.2　航天系统工程面临的新挑战

随着航天事业的发展，系统的规模加速扩大，专业交叉的复杂度急剧增加，软硬件之间的融合程度越来越高，具体表现为：系统的需求越来越复杂，需求的定义、分解、落实管控困难；系统间设计深度耦合，验证难度大，设计问题暴露晚；实物验证周期长、成本高，难以覆盖全工况；未来航天器任务多样，运行支持难度大。

从外部环境的变化来看，冷战时期，航天一枝独秀、引领发展，相对其他行业更先进，更优先创造并运用先进技术与工具。近 30 年来，其他行业在细分技术领域已相对占优，航天逐渐失去了相应的优势。航天也从一般期望向更高期望发展，简单任务均已完成，剩下的难度会越来越大。对航天的要求从保证成功、解决有无，发展到加强性能、提升效益、提高效率，并且在任务复杂、技术难度增加的前提下仍要保证高可靠性。

从内部组织的嬗变来看，中国航天已建立完备的组织体系，先后经历过以下组织变革，即从型号两总系统强矩阵管理到研制单位弱矩阵管理，再到二者之间形成的平衡矩阵管理。国内航天型号的研制模式主要是按照单发研制流程进行设计，形成了较为稳定的单线程的研制模式。如何打破研制单位之间的利益藩篱，如何进行跨单位、跨部门的高效率研制已然成为挑战。

从研制模式的转变来看，如何应对高密度发射、高难度研制？以往的航天系统工程都不具备工业化大批量生产能力，国外也如此，同时还面临工程时间紧迫、系统技术复杂、参研单位众多、用户要求提高的管理瓶颈。目前航天系统工程以基于文档的流程管控为主，对设计的系统性验证主要依靠实物测试。这种模式系统性不强、可追溯性差、费时费力，缺少基于模型开展协同的研制能力，难以快速响应复杂航天器研制需求频繁变更的要求。

从地面试验的验证来看，物理验证周期长、成本高，且难以覆盖全工况[123]。现有航天器研制过程中，大量的设计验证仍依靠实物样机进行，验证周期长、成本高，对于系统级的某些验证甚至需要到整机阶段才能进行，某些型号难以进行全工况验证[124]。以载人空间站为例，在轨舱段转位和机械臂操作等无法在地面进行 1:1 的实物验证，只能通过建立多学科联合仿真模型，开展模拟验证。

从学习效应的累积来看，知识重用性差，知识管理方式传统。总体的设计思想通过文本形式层层向下传递，信息表达不直观，指标更改缺乏协调性与联动性。以往型号所积累的设计知识隐藏于大量的设计文档中，对于新人而言难以快速汲取以往的知识，对新型号难以快速复用以往的经验。

从技术经济一体化来看，可重复使用运载火箭研制成功过程是基于对客观规律的科学认知和技术、经济资源的有效配置，解决技术和经济风险不确定性的过程。可重复使用运载火箭研制过程遍布不同研制阶段，伴随着技术与经济管理活动的动态集成优化演进。技术的实现需要经济资源的投入与保障，技术性往往影响经济性，经济性决定技术性的应用与发展程度，二者呈螺旋式攀升。

作为大规模科学技术工程，未来航天型号研制任务愈加复杂、庞大。内外部环境的剧变和研制模式革新的需求，对航天型号研制进一步强调一致性、可回溯性、交互性、准确性等。面对上述挑战，系统工程需要与时俱进，不断进化思维、方法、模型与工具，逐步形成适合我国航天型号研制任务的系统工程新模式。

## 3.2　航天型号 V-R$^3$ 系统工程模式

### 3.2.1　航天型号系统工程"V"形特征

航天型号系统工程既是技术过程，也是管理过程。技术过程就是从用户需求变成实物产品的过程，呈现经典的"V"形特征[125]。"V"形左边是一个自上而下、从用户需求开始将系统逐层分解为分系统、单机、零部件、原材料的过程；右边是一个把最低层次的零部件自下而上逐级进行组装、集成、验证，从而形成系统，交付用户，满足用户需求的过程[126]。航天型号研制管理过程包括技术管理过程和技术开发过程，从技术方案和项目开展的角度，对技术过程中的各项活动进行组织管理。技术管理过程就是对这些活动从技术的角度进行计划、组织、协调、控制的过程，主要包括技术规划、技术控制、技术评估、技术决策等。技术开发过程包括需求分析、系统分析与设计、系统集成、试验与评价以及系统运行和维护等。为了实现一个成本效益好的系统，系统工程保证质量、进度和成本三要素均衡发展[127]。

### 3.2.2 　航天型号 $R^3$ 系统工程要素

航天型号 V-$R^3$ 系统工程模式是在保留原有系统工程优势的基础上进行创新，并非颠覆传统的系统工程。通过剖析经典"V"形系统工程体系，经调查研究和专家访谈，甄选出航天型号系统工程要素，即"递增—回溯—递归"要素。

递增（reinforcing）是单向的，是指从需求上逐渐细化分解，从实现上逐渐合并集成，表现为从用户需求开始到产品最终实现，这一过程是由自上而下的分解和自下而上的集成构成，分解是实现客户需求细分与系统详细设计之间的关联，集成则反映了系统实现的复杂耦合，不断加强资源配置与研发能力以推进型号研制进展，也体现了分解-集成的系统论思想。

回溯（retroactive）是反向的，是指下游设计与期望会反馈到上游，进而修改上游的需求，下游不是只能被动接受上游的指令，表现为在型号研制中按层级、节点对技术状态、管理效益等进行复验、校核，各层级的系统之间形成追溯与反作用。

递归（recursive）是内向的，是指在每一层均会深入开展系统工程的活动，在本层持续深入内向、不断细化循环。顶层的所有流程，在其子系统其实可以全部复现。系统工程具有层级结构，分为总体、分系统、单机、部组件、元器件等，每一层级结构又有如是分层。以某个系统级芯片产品为例，从总体看，它属于最底层元器件层，但作为片上系统，其设计同样存在型号设计所具有的从顶层到底层的层级结构。因此，系统工程包含某种程度的自相似性；换言之，系统工程自身是由不同层级的系统工程建构而成的，体现了递归的属性。

三者之间紧密关联、前后呼应，不只是简单地迭代与循环，我们将三者简称为 $R^3$ 要素。本书从机理层面阐释了系统工程的动态过程，也说明了系统工程与时俱进的进化过程。首先，在时间上体现出嵌套，前向的为递增，反向的为回溯，内向的为递归；递增是向未来型号研制目标找差距，回溯是向过去型号研制的经验教训找问题，递归则是在当前这个时点上的研制截面。其次，在技术管理上同样体现出嵌套，既有单个型号自身内部的小递归，又有跨型号的大递归。

我国航天事业经历了从无到有的艰辛过程，此阶段侧重于单点任务的成功，如"八年四弹""两弹一星"工程等，型号子样较少，因此钱学森等老一辈航天人量身定制的型号研制方法、流程、机制、体系的指导意义巨大，保证了型号研制任务的成功，体现了自上而下分解和自下而上的综合集成，型号整体满足总体要求。随着新时代的航天事业的快速发展，由于技术革新快、型号任务多、任务复杂性高，不仅要聚焦单点任务的完成，更要重视型号任务与任务递进过程的数据分析和知识积累，从动态视角去审视航天研制任务，从需求增量的角度去审视航天型号任务研制过程，这样既能够有效保证正确性，又能够快速地实现知识更新和技术迭代，从而促进我国航天事业的更大成功。因此，在延续经典"V"形架构的基础上，发展与新时代航天任务需求相适应的动态系统工程，建构航天型号 V-R$^3$ 系统工程模式。

### 3.2.3　航天型号 V-R$^3$ 系统工程模式设计

航天工程所面临的基本问题，即怎样把比较笼统的初始研制要求逐步变为成千上万的研制任务参与者的具体工作，以及怎样把这些工作最终综合成一个技术上合理、经济上合算、研制周期短、能协调运转的实际系统，并使这个系统成为它所从属的更大系统的有效组成部分。航天型号系统工程将系统分解为多种工程专业的研制活动，最终集成为总体性能满足工程要求的产品，在型号研制过程中需要保持成本、进度、性能指标的均衡发展，这既是技术开发过程，也是组织管理过程[128]。因此，在航天型号研制过程中"技术问题"与"管理问题"往往并存，二者存在伴生与转化关系，问题的背后是各类"技术风险"与"管理风险"。风险具有传递性与涌现性，风险的传递性表现为技术机理性与管理不确定性的传递，风险的涌现性表现为随着产品复杂度增加与研制进程推进的叠加，风险的直接后果就是各种类型的失败，将直接引发各类安全性后果与直接经济损失[129]。本章基于"V"形系统工程架构，以型号全寿命周期为演进主线，按照体系论证、设计验证、集成制造、测试试验、在轨服务的节点划分，纳入"递增—回溯—递归"系统工程要素，串联各节点责任接口与信息交互关系，形成研制活动集成架构，构建出航天型号 V-R$^3$ 系统工程通用模式（图 3.1）。

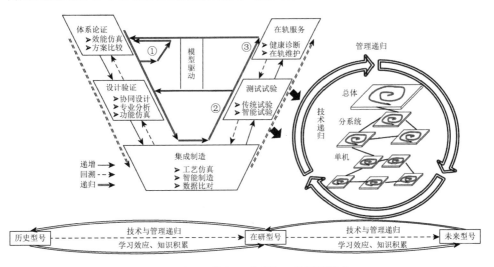

图 3.1　航天型号 V-R$^3$ 系统工程通用模式

航天型号 V-R³ 系统工程模式是以目标与问题为导向，在型号全寿命周期研制过程中不断降低风险、提高可靠性和安全性，在满足各利益相关方的要求下保障型号研制的顺利进行与任务的最终完成。各工程研制阶段的工作侧重点存在差异，因此各阶段的风险管理内容不同[130]。降低风险的关键在于风险点定位、风险机理剖析与风险复现。风险点定位需要实现风险事件的降维，从而实现底层风险事件的识别；风险机理剖析是在实现风险点识别后根据风险点产生的机理，进行风险传递链分析；风险复现是对风险点与风险链的验证，需要对风险的定位和机理形成"复现"性检验。航天型号风险管理需要强有力的航天系统工程架构作支撑。

## 3.3　航天复杂系统管理模型架构

### 3.3.1　航天复杂系统管理要素

系统是由相互作用和相互依赖的若干组成部分结合成的具有特定功能的有机整体[111]。系统是基于某个战略或战术目标而实施的，因此目标是不可缺少的内核要素。各个组分之间形成了相互联系、相互制约的关系。另外，系统的功能是具有某一特定属性的物质在某个场景中表现出来的，如"天问一号"火星车的功能是在地外天体火星中展现的。综上所述，复杂系统管理的模型中包含目标、组分（要素）、关系、场景和功能这五个内核要素，具体关系如图 3.2 所示。其中，目标（goals）是指预先设定的改造自然或社会的目标，包括主观愿望、战略意图、国家意志等，目标也要建构在对各种关系和环境有相对全面了解的基础上。组分（要素）（elements）是指系统内部的组成构建，为了实现系统功能，需要将其分解，并由此解构进入下一层，形成递归关系。关系（relationships）是指各种利益和认知等相关关系，系统中任何要素都是相互联系和相互作用的，认清各自之间的关系是基本要求。场景（scenes）是指事物作用的情景，是综合了自然、社会、文化、经济等环境的全景，新型举国体制是嵌入其中的。功能（functions）是指要素相互关联、相互作用在一定的场景下发挥的作用或职能，包括人造物理系统的使用功能、人造社会系统（如政府机关、企业、部门）的基本职能等，功能或职能都是为了实现目标而服务的。

以上五个要素相互作用，首尾相接，形成一个闭环。如图 3.2 中的实线有向箭头所示，从关系分析场景，从场景分析目标，从目标分析功能，从功能分析组分（要素），最后从组分（要素）分析关系，两两之间具有衍生、催化的联系。如图 3.2 中的虚线有向箭头所示，对关系的分析要受制于自身的功能定位，牢记自

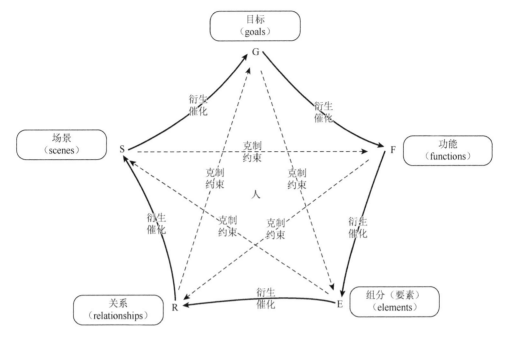

图 3.2　基于系统论的复杂系统管理模型架构内核

身的使命；对场景的分析要受制于各个组分（要素）的相互作用；对目标的设定要受制于相互之间的各种关系，如竞争合作、博弈对抗等；对功能的设计要受制于环境的约束，如注重"人-机"结合、人与自然的和谐相处以及绿色发展理念等；对组分（要素）的分解要受制于整体目标，使其接口清晰、运转高效。在此系统中，基于主体的对象需面向过程进行自下而上的仿真，交互主体的关系变成各种反馈和结构性权变，主体间的差异不再彼此抵消，而是变得强化[131]。另外，对于一个复杂系统而言，有些功能的表达是不清楚的，即包括不知道如何表达的功能和潜在功能。复杂巨系统必然伴随潜在功能，整体正向功能尽可能采用一些手段避免伴随负向功能。

### 3.3.2　航天复杂系统管理模型框架

可重复使用运载火箭的设计、研制、生产和发射等环节本身就属于复杂系统管理，在人的作用下，推进目标、功能、组分（要素）、关系及场景的发展。对这些要素开展有效的管理能够实现成本的节约，即基于航天复杂系统管理模型，构建可重复使用运载火箭复杂系统管理技术经济一体化框架，可产生较大的经济效益。

航天复杂系统管理活动由管理决策主体与组织、总体决策支持体系与总体执行体系构成，各部分包含不同主体，并有各自功能及其组织运行方式，各部分之间耦合构成一个更为复杂的递阶分布式管理组织系统，它是以复杂系统为子系统的复杂系统。通过管理决策主体与组织部分和总体决策支持体系部分之间的相互作用，主要开展复杂系统全局性与战略性决策工作，最终形成一整套关于复杂整体性问题的整体决策方案。总体执行体系部分主要通过"两条指挥线"完成，即行政指挥线总指挥、技术指挥线总设计师将弹、箭、星、船、器等航天复杂系统与人、财、物等管理要素配置的一系列方案付诸实施。通过对型号任务中的硬系统与管理软系统进行整体协调、统筹与资源优化配置，保证有序和有效地实现管理总体目标[132]。

基于历史时空观，举国体制也实时处于动态迭代状态。不同时期的举国体制，在人、机、情景以及环境方面都会存在差异。将航天复杂系统管理置于宏大的环境与具体的情景中，也就是置于举国体制之下与航天重大专项之中。"两弹一星"时期的航天复杂系统管理的问题与改革中后期的航天大国所遇到的难题是不一样的，进入新时代后，那些处于"情理之中、意料之外"的重大专项工程情景中的航天复杂系统管理面临高度不确定性、多尺度管理、"迭代式"生成原理以及情景适应性等难题[133]。航天复杂系统管理模型架构的根本立足点是系统观，运用系统科学与系统工程进行谋篇布局[134]。随着举国体制的嬗变，中国航天复杂系统管理模型架构是在大环境、大背景、大趋势不断变化中形成的。

如图 3.3 所示，运用霍尔三维架构进行静态剖析与解构，并借鉴"物理-事理-人理"这一独特的东方系统工程管理动态方法论[135]，通过将动态和静态相互结合，能更好地呈现航天复杂系统模型架构。基于系统观这一原点，$Z$ 轴是战略科学家组织支持的决策维，战略科学家不仅是人才塔尖上的顶级决策支持群体的代表，而且背后隐藏着培养和造就战略科学家所需要的一种人才阶梯成长和决策支持机制。位于 $X$ 轴的两条指挥线维度和 $Y$ 轴的总体设计部维度则构成了决策支持。从卓越工程师的初步工程实践，到两条指挥线中型号两总在重大航天型号工程砥砺前行，提炼出鲜活的理论经验。在此层次上，继而有可能成长为能够跨层次、跨领域且观照历史、预见未来趋势发展的战略科学家。整个模型架构就是一个动态迭代而来的复杂的非线性系统，呈现为一个立方体架构，其中卓越工程师、型号两总均是此立方场域中的"点"，总体设计部与两条指挥线分别是"线"，以总体设计部为代表的实体研究所、工厂与以型号两总为代表的指挥线形成一个矩阵"面"，二者之间随时随地都有着决策、管理互动，这些细微改变又有可能是这个"面"未来发展的决定性因素，当二者协同一致时则会形成平衡矩阵"面"。更多的情况是从外部环境进入内部从而打破这种平衡状态，小到型号归零、厂所重组、两总调整，大到机制重建、体制再构造等。从复杂科学的角度来看，立方体就是整体系统由所有独立变量构成的相空间，其中每一个点对应系统的一个状态，对应一组特定的独立变量值。好的"立方体"本应是内部随机而混沌、外部规则而秩序，从而形成一种"顶层控制、底层失控"的平衡混合体，有限的混沌可保持整个系统的活力与创造力。

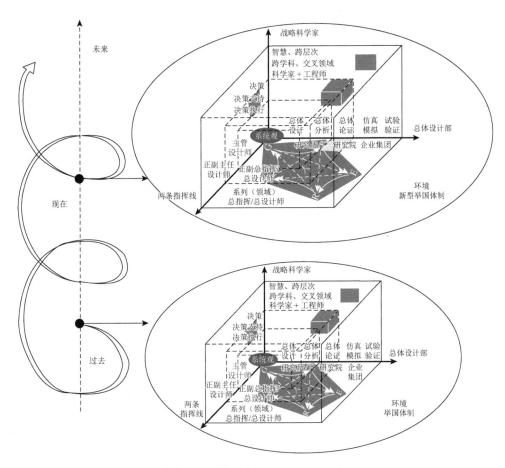

图 3.3　航天复杂系统管理模型架构

　　此模型架构着眼于体系，即宏观、中观、微观三层式体系。其中，宏观是指党中央、国务院、中央军委等的高瞻远瞩、顶层决策，把控战略和大局，突出特点是"控"；中观是指国家部委、地方政府以及各类行业协会团体等形成了一个横纵结合的矩阵关联网络，突出特点是"调"；微观是指中国科学院、中国工程院、高等院校、中国航天科技集团有限公司、中国航天科工集团有限公司等主力军以国家需要为宗旨，在任务重、收效慢、风险极大的基础科学和重大专项工程上进行创新和研制，非营利性组织、民营企业等生力军发挥自身灵活性，以市场需求为目标，将优胜劣汰与全要素进行结合，不断自主研发、协同创新。以上三层式体系也体现了重大工程管理组织科学问题的主要学理[120]。从创新系统的反馈迭代机制来看，随着全球化进程的加快和我国市场经济体制的日臻完善，科技创新逐渐步入快车道，迭代速度增加，当快到一定程度，系统必然进入不确定的混沌状态。近些年，颠覆性技术不断涌现，"黑天鹅"事件频繁干扰，创新主体更加多元，这都表明我们已经处于不同于以往的不稳定时期，举国体制不应再是政府直接拉动科技创新，而是要通过降低系统风险、提升科学决策能力来提升系统创新能力。

此模型架构的出发点与根源是系统观，其核心要义在于系统思维中的递归原则和协同机理。这就意味着顶层的所有流程在它的子系统中都可以全部复现。早在 1978 年钱学森就抽象提炼出了系统工程的概念和方法论[136]，并将其适用对象从中国航天的特定型号任务拓展为具有普遍意义的复杂系统工程。系统工程具有层级结构，分为总体、分系统、单机、部组件、元器件等，每一层级结构又有如是分层。因此，系统工程包含某种程度的自相似性，换言之，系统工程自身是由不同层级的系统工程建构而成的，体现了递归的属性[137]。在从工程控制论到系统工程，再到开放的复杂巨系统等管理思想的演变中，生产力的发展呈现一种阶段性[138]。这种状态非常符合举国体制中各个工程可还原、可操作的组织递归和技术递归要求。从工程控制论到系统工程，再到开放的复杂巨系统等管理思想的演变，并不是简单地从局部到整体扩展，而是同时向"一大一小"两端递归延伸。"大"到更大，从单一型号系统到体系工程再到使命工程，从单一作战到网络中心战再到总体国家安全观，从地月系到太阳系再到星际航行等深空探索领域；"小"到更小，从分系统到单机，从部组件到元器件。但无论尺度如何向两端延伸，都遵循系统工程的递归原则。伴随系统工程的外延扩大，递归原则从工程系统工程扩展到了服务系统工程、生产线系统工程、企业系统工程、产业系统工程，从工程领域延伸扩展到了自然领域、经济领域、社会领域。

## 3.4　基于 V-R³ 的可重复使用运载火箭研制技术经济一体化框架设计

### 3.4.1　基于 V-R³ 的可重复使用运载火箭研制技术经济关系分析

可重复使用运载火箭研制成功过程是基于对客观规律的科学认知以及技术、经济资源的有效配置，解决影响技术和经济的风险不确定性的过程。可重复使用运载火箭研制过程遍布不同的研制阶段，伴随着技术与经济管理活动的动态集成优化演进。技术的实现需要经济资源的投入与保障，技术性往往影响经济性，经济性决定技术性的应用与发展程度，二者本身就是螺旋式攀升的，如此循环。可重复使用运载火箭的技术性和经济性按照系统工程实践中的"递增—回溯—递归"动态交织影响,形成隐性螺旋效应,这一过程呈现交互性、动态性。

可重复使用运载火箭研制费用的估算过程中,由于其技术活动的不确定性、可收集样本少等特点,可重复使用运载火箭研制技术经济一体化框架同样存在这两个特点,具体如图 3.4 所示。其中,随着螺旋结构的展开,信息的不确定性将变得越来越低,可收集的样本数量将逐渐增加,即整个技术经济的灰度将逐渐降低。例如,如图 3.4 所示,在概念方案阶段,不确定性较高,信息相对缺乏,信息灰度值较高,用深空灰色表示;在系统需求总体设计阶段,不确定性程度相对降低,可获得的信息逐渐增加,信息灰度值相对较高,用深灰色表示;随着活动的进一步进行,在分系统验证、单机设计阶段,不确定性程度进一步降低,具有

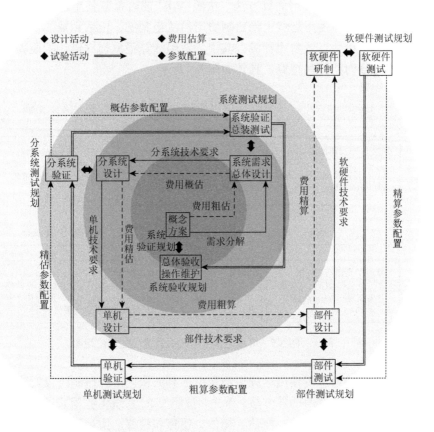

图 3.4　基于 V-R³ 的可重复使用运载火箭技术经济关系分析图

一定的信息量，信息灰度值得以降低，用浅灰色表示；在部件设计、软硬件研制阶段，主体活动处于确定状态，不确定性主要来自外部环境因素，具有的信息量相对充足，信息灰度得到大幅度降低，用灰白色表示。

### 3.4.2　基于 V-R³ 的可重复使用运载火箭研制费用技术经济一体化框架

可重复使用运载火箭研制经济性论证的核心内容就是费用估算。可重复使用运载火箭费用估算的准确度随着研制阶段的不断深入而逐步提升，每个阶段开展可重复使用运载火箭费用估算时应按照 WBS 与 PBS，形成可重复使用运载火箭研制费用估算 CBS，根据可重复使用运载火箭研制的不同阶段，即论证申请阶段、可行性论证阶段、方案设计阶段、初样设计阶段、试样设计阶段、研制及发射阶段，考虑参数由少变多、不确定性由高到低等特点，设计对应不同研制阶段的可重复使用运载火箭费用估算方法，按照 V-R³ 的可重复使用运载火箭费用估算流程，开展可重复使用运载火箭研制费用的从粗到细、由估到算的费用估算，即粗估、概估、精估以及费用计算，其中，费用计算根据初样设计阶段和试样设计阶段的不同分为粗算和精算，具体如图 3.5 所示。

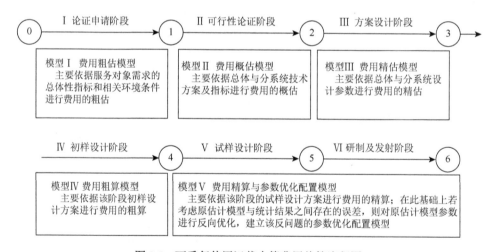

图 3.5　可重复使用运载火箭费用估算流程图

根据上述可重复使用运载火箭费用估算流程，不同研制阶段对应不同的可重复使用运载火箭费用估算方法。首先，按照 V-R³ 系统工程模式进行可重复使用运载火箭研制费用的粗估、概估、精估、粗算和精算，实现可重复使用运载火箭技术经济一体化的递增。其次，基于已知的可重复使用运载火箭费用，通过对其估算模型相关参数进行优化配置，实现可重复使用运载火箭技术经济一体化的回溯。

最后，通过对可重复使用发射回收方案建立最优利用次数模型，计算可重复使用次数，并基于 GERT 网络进行建模仿真，综合验证可重复使用运载火箭费用估算模型及方法，从而进一步提升可重复使用运载火箭费用估算水平，实现可重复使用运载火箭技术经济一体化的递归，具体框架如图 3.6 所示。

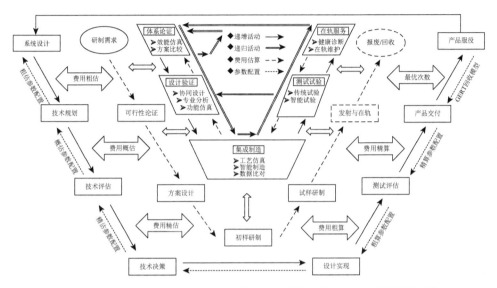

图 3.6　基于 V-R³ 的可重复使用运载火箭研制费用技术经济一体化框架图

## 3.5　本 章 小 结

本章基于系统工程理论概念，首先，对航天系统工程的独特性与复杂性进行了分析，并全面剖析了航天系统工程面临的新挑战，以航天型号系统工程为蓝本，构建了航天型号 V-R³ 系统工程模式，即航天型号系统工程 "V" 形特征与 "递增—回溯—递归" 的 R³ 系统要素相结合。其次，结合复杂系统管理的各要素，构建航天复杂系统管理模型。最后，融合 V-R³ 系统工程模式与航天复杂系统管理模型，构建基于 V-R³ 的可重复使用运载火箭研制技术经济一体化框架，以研制费用估算流程为例来说明该框架的具体流程。

# 第4章 可重复使用运载火箭研制费用粗/概估模型

## 4.1 研制费用粗/概估框架设计及关键影响因子筛选

### 4.1.1 研制费用粗/概估框架设计

运载火箭的研制是一项资金需求量巨大的复杂系统工程，20世纪60年代末，美国国防部提出了全寿命周期费用（life cycle cost，LCC）的概念，LCC为产品的研制、生产、使用、退役四个阶段所产生的费用的总和。根据美军的研究，在典型武器装备的LCC中，研制费用投入相对较少，仅占到LCC的20%左右，但其对LCC的影响达到了90%~95%。因此，对运载火箭研制费用进行合理估算是有效解决航天事业发展中经费问题的重要手段之一。

当前应用较为广泛的一种估算方法是参数估算法，其是利用同类装备的历史统计数据，找到其中存在的逻辑关系并以此建立数学模型，从而借助所建立的数学模型来估算新的武器装备费用的一种方法。但是，对于运载火箭的研制费用估算来说，运载火箭的产量小，导致其可用于统计回归的样本数量少，并且由于运载火箭属于国防领域，数据具有保密性，导致一些数据很难获得。因此，对于此类典型的小样本问题，传统的多元回归分析等方法难以使用，本章采用分数阶累加和偏最小二乘法对费用估算模型进行求解。

根据型号研制的不同阶段，考虑到参数由少变多、不确定性由高到低等特点，型号费用估算方法不尽相同。为保证已有型号之间以及预测过程中目标型号与样本之间具有较高的相关性，以减小所求目标费用的实际偏差，需要对已有数据进行灰色关联分析、灰色聚类分析。

此外，由于研制费用由多种要素构成，影响程度各不相同，且不同型号的火箭对于研制费用的关键影响因子类型可能也不同，导致在进行目标型号研制费用估算时可能出现一定的偏差。因此，为更准确地进行研制费用估算，需筛选出与目标型号灰色关联度较高的样本，以保证各因子对研制费用影响程度的一致性。通过对研制费用关键影响因子的筛选，构建研制费用粗估模型，并将PRICE模型融入灰色系统理论，建立可重复使用运载火箭研制费用的概估模型。基于以上分析，可构建如图4.1所示的粗/概估框架。

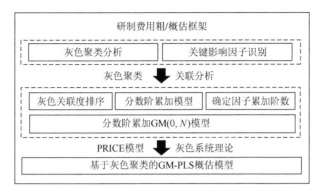

图 4.1 可重复使用运载火箭研制费用粗/概估框架设计

## 4.1.2 样本型号研制费用关键影响因子筛选

**定义 4.1**：假设有 $n$ 个运载火箭，用符号 $A_1, A_2, \cdots, A_n$ 表示，且有 $m$ 个影响因素对其研制费 $c_i$（$i = 1, 2, \cdots, n$）产生影响，其对应关系可用如下矩阵描述：

$$
\begin{array}{c}
A_1 \\
A_2 \\
\vdots \\
A_n
\end{array}
\begin{bmatrix}
x_{11} & x_{12} & \cdots & x_{1m} & c_1 \\
x_{21} & x_{22} & \cdots & x_{2m} & c_2 \\
\vdots & \vdots & & \vdots & \vdots \\
x_{n1} & x_{n2} & \cdots & x_{nm} & c_n
\end{bmatrix}
\tag{4.1}
$$

设 $\bar{c} = \sum\limits_{i=1}^{n} \dfrac{c_i}{n}$，$\overline{x_j} = \sum\limits_{i=1}^{n} \dfrac{x_{ij}}{n}$，那么费用 $c_i$ 的波动范围可用 $c_i / \bar{c} - 1$ 表示，因素 $x_j$ 的波动范围为 $x_{ij} / \overline{x_j} - 1$。若将因素 $x_j$ 相对于费用 $c_i$ 的驱动效益定义为 $u_{ij} = \left| x_{ij} / \overline{x_j} - 1 \right| / \left| c_i / \bar{c} - 1 \right|$，则因素 $x_j$ 相对于费用 $c_i$ 的驱动比重可以表示为 $v_{ij} = \dfrac{u_{ij}}{\sum\limits_{j=1}^{m} u_{ij}}$。显然，随着 $v_{ij}$ 的增大，因素 $x_j$ 相对于费用 $c_i$ 的驱动效益也变大。若存在某因素在 $n$ 个样本中的驱动比重都偏大，则该因素相对于其他因素来说，权重也较大，也就是说，$\sum\limits_{i=1}^{n} v_{ij}$ 的值越大，因素 $x_j$ 对应的权重 $w_j$ 也越大，因此可构造模型：

$$
\max f(w_1, w_2, \cdots, w_m) = \sum_{j=1}^{m} w_j \left( \sum_{i=1}^{n} v_{ij} \right)
$$

$$
\text{s.t.} \quad \sum_{j=1}^{m} w_j = 1, \quad w_j \geqslant 0
\tag{4.2}
$$

同时，由于各因素的真实权重是随机变量，具有不确定性，根据极大熵原则，在已知的部分少量信息的基础上，认为权重熵值达到最大且满足约束条件，因此构造模型：

$$\max f(w_1, w_2, \cdots, w_m) = -\sum_{j=1}^{m} w_j \ln w_j$$

$$\text{s.t.} \quad \sum_{j=1}^{m} w_j = 1, \quad w_j \geqslant 0 \tag{4.3}$$

为综合考虑已有数据信息和客观事实两个模型所表达的权重信息，引入调节系数 $\alpha$（$0 \leqslant \alpha \leqslant 1$），将式（4.2）和式（4.3）进行转化：

$$\max f(w_1, w_2, \cdots, w_m) = \alpha \sum_{j=1}^{m} w_j \left( \sum_{i=1}^{n} v_{ij} \right) - (1-\alpha) \sum_{j=1}^{m} w_j \ln w_j$$

$$\text{s.t.} \quad \sum_{j=1}^{m} w_j = 1, \quad w_j \geqslant 0 \tag{4.4}$$

此时，可采用拉格朗日乘子法对模型进行求解，引入拉格朗日乘子 $\lambda$，对应的函数表达式如下：

$$F(w_j, \lambda) = \alpha \sum_{j=1}^{m} w_j \left( \sum_{i=1}^{n} v_{ij} \right) - (1-\alpha) \sum_{j=1}^{m} w_j \ln w_j + \lambda \left( \sum_{j=1}^{m} w_j - 1 \right) \tag{4.5}$$

由极值存在的必要条件得

$$\frac{\partial F}{\partial w_j} = \alpha \sum_{i=1}^{n} v_{ij} - (1-\alpha)(\ln w_j + 1) + \lambda = 0, \quad j = 1, 2, \cdots, m \tag{4.6}$$

$$\frac{\partial F}{\partial \lambda} = \sum_{j=1}^{m} w_j - 1 = 0 \tag{4.7}$$

解方程组得

$$w_j = \frac{\exp\left( \frac{\alpha}{1-\alpha} \left( \sum_{i=1}^{n} v_{ij} - 1 \right) \right)}{\sum_{j=1}^{m} \exp\left( \frac{\alpha}{1-\alpha} \left( \sum_{i=1}^{n} v_{ij} - 1 \right) \right)} \tag{4.8}$$

式（4.8）中，$\alpha$ 表示权重，一般情况下，可以假定两个模型目标的权重是相等的，即 $\alpha = 0.5$。

综上所述，针对各样本型号，按照 $w_j$ 的大小顺序对运载火箭研制费用各项因子进行筛选，得到关键影响因子，当某两个因素的 $w_j$ 近似相等时，可认为二者之间存在多重共线性，选择其中一个关键影响因子。

## 4.2　研制费用粗估分数阶累加 GM(0, N) 模型构建及验证

根据上文所进行的灰色聚类分析、关键影响因子识别，已将现有的少量火箭型号数据进行了处理，保证了其与目标型号之间具有较高的相关性，并确认了对火箭研制成本具有较高影响度的各项因子。为进一步提高对目标型号火箭研制费用估算的精确度，本章借助灰色系统思想，根据样本数据对目标模型的灰色关联度再次进行筛选，并构建分数阶累加的运载火箭成本估算 GM(0, N) 模型。

根据已有数据，首先需要将其与目标型号的灰色关联度从低到高进行各型号数据排序，灰色关联度越高的型号数据对于目标型号费用的估算的影响程度越大，同时设定灰色关联度边界值，若灰色关联度低于该值则可能会降低模型估算准确度。其次，建立分数阶累加的 GM(0, N) 模型，对目标型号进行较为精确的估算。

### 4.2.1　样本灰色关联度排序

**定义 4.2**：当分数阶 $r \in (0,1)$ 时，分数阶累加 $x^{(r)}(k)$ 表达式中，$x^{(0)}(i)$ 的系数为 $\alpha_{k(i)} = \dfrac{\gamma(r+k-i)}{\gamma(k-i+1)\gamma(r)}$，$x^{(0)}(i-1)$ 的系数为 $\alpha_{k(i-1)} = \dfrac{\gamma(r+k-i+1)}{\gamma(k-i+2)\gamma(r)}$，$k=1,2,\cdots,n$。

$\dfrac{\alpha_{k(i)}}{\alpha_{k(i-1)}} = 1 + \dfrac{1-r}{r-i+k} > 1$，故 $x^{(0)}(i)$ 比 $x^{(0)}(i-1)$ 具有更大的权重。

**定义 4.3**：假设有 $n$ 个运载火箭样本，用符号 $A_1, A_2, \cdots, A_n$ 表示，每个运载火箭样本有 $N-1$ 个相关因素，$x_i^{(0)}(j)$（$i=1,2,\cdots,N$，$j=1,2,\cdots,n$）表示第 $j$ 个样本对应第 $i$ 个指标的具体值，具体矩阵如下：

$$
\begin{matrix}
A_1 \\
A_2 \\
\vdots \\
A_n
\end{matrix}
\begin{bmatrix}
x_1^{(0)}(1) & x_2^{(0)}(1) & \cdots & x_N^{(0)}(1) \\
x_1^{(0)}(2) & x_2^{(0)}(2) & \cdots & x_N^{(0)}(2) \\
\vdots & \vdots & & \vdots \\
x_1^{(0)}(n) & x_2^{(0)}(n) & \cdots & x_N^{(0)}(n)
\end{bmatrix}
\tag{4.9}
$$

其中，$A_n$ 为待预测型号；$x_i^{(0)}(n)$（$i=2,\cdots,N$）为待预测型号的已知相关因素；$x_i^{(0)}(n)$ 为所求目标型号费用数据。根据灰色关联度分析，通过对 $x_i^{(0)}(n)$（$i=2,\cdots,N$）数据进行处理，计算各型号与 $A_n$ 的灰色关联度，从低到高进行重新排序，以保证灰色关联度越高的型号在估算费用时所占的权重越大，除去灰色关联度低于边界值的样本数据。最终重新排列后的数据矩阵中 $A_{n-1}$ 为与所求型号 $A_n$ 最相似的型号数据，$A_1$ 为在满足边界条件下与所求型号 $A_n$ 最不相似的型号数据。

## 4.2.2　分数阶累加模型构建

**定义 4.4**：若初始序列 $x^{(0)} = \left[ x^{(0)}(1), x^{(0)}(2), \cdots, x^{(0)}(m) \right]$，则称 $x^{(r)} = \left[ x^{(r)}(1), x^{(r)}(2), \cdots, x^{(r)}(m) \right]$ 为 $r$ 阶累加生成，$m$ 为每个变量的序列数。当 $r$ 为整数时，$x^{(r)}(k) = \sum_{i=1}^{k} x^{(r-1)}(i) = x^{(r)}(k-1) + x^{(r-1)}(k)$。通过推广，可将 $r$ 由整数延伸到分数，此时 $x^{(r)}(k) = \sum_{i=1}^{k} \frac{\gamma(r+k-i)}{\gamma(k-i+1)\gamma(r)} x^{(0)}(i)$，其中，$\gamma$ 为 Gamma（伽玛）函数，则含有 $r_i$ 分数阶累加的 GM(0,$N$) 模型为

$$x_1^{(r_1)}(k) = a + b_2 x_2^{(r_2)}(k) + b_3 x_3^{(r_3)}(k) + \cdots + b_N x_N^{(r_N)}(k) \tag{4.10}$$

参数的最小二乘估计满足：

$$\left[ a, b_2, b_3, \cdots, b_N \right]^{\mathrm{T}} = (B^{\mathrm{T}} B)^{-1} B^{\mathrm{T}} Y \tag{4.11}$$

其中，

$$B = \begin{bmatrix} 1 & x_2^{(r_2)}(2) & \cdots & x_N^{(r_N)}(2) \\ 1 & x_2^{(r_2)}(3) & \cdots & x_N^{(r_N)}(3) \\ \vdots & \vdots & & \vdots \\ 1 & x_2^{(r_2)}(n) & \cdots & x_N^{(r_N)}(n) \end{bmatrix} \tag{4.12}$$

$$Y = \begin{bmatrix} x_1^{(r_1)}(2) \\ x_1^{(r_1)}(3) \\ \vdots \\ x_1^{(r_1)}(n) \end{bmatrix} \tag{4.13}$$

## 4.2.3　各因子累加阶数的确定

分数阶累加模型可通过累加阶数的大小反映费用影响因子的权重大小，即累加阶数越高，说明影响因子的权重越大。

由于各影响因子的权重，即所代表的累加阶数具有不确定性，根据极大熵的定义，基于部分已知的少量信息，当满足约束条件的阶数熵值达到最大时，该阶数值的可能性也将是最大的，那么各因子的权重大小关系由筛选关键影响因子时的权重计算可知，故构造以下模型：

$$\max f(r_1, r_2, \cdots, r_m) = -\sum_{i=1}^{m} r_i \ln r_i$$

$$\text{s.t. } r_i > r_j > r_k, \ \sum_{i=1}^{m} r_i = 1, \ 1 > r_i > 0 \qquad (4.14)$$

由此可得，火箭型号研制费用 GM(0,N)预测模型构建步骤如下：①基于灰色关联分析法，计算各运载火箭样本与目标样本的灰色关联度，并从高到低进行排序，剔除灰色关联度较低的样本数据；②计算因素的影响因子的权重 $w_j$，并从大到小进行排序，对研制费用关键影响因子进行筛选；③计算研制费用关键影响因子的累加序列值；④采用最小二乘法确定模型 GM(0, N)的未知参数；⑤代入目标型号的各项参数，对目标型号的研制费用进行预测。

## 4.2.4　粗估分数阶累加模型验证

根据以往的数据整理，获得部分型号研制费用及各项驱动因子的参数数据，如表 4.1 所示，其中型号 1～12 的数据为已知样本数据，型号 13 的数据为需要预测研制费用的各项已知参数。

**表 4.1　运载火箭各型号研制费用数据表**

| 火箭型号 | 起飞质量/吨 | 级数 | 直径/米 | 长度/米 | 起飞推力/千牛 | 研制费用/万元 |
|---|---|---|---|---|---|---|
| 型号 1 | 243 | 2 | 3 | 43 | 2 962 | 8 200 |
| 型号 2 | 244 | 3 | 3.35 | 47 | 2 962 | 12 000 |
| 型号 3 | 425.8 | 2 | 3.35 | 52.52 | 2 962 | 20 500 |
| 型号 4 | 345 | 3 | 3.35 | 53.075 | 2 962 | 18 000 |
| 型号 5 | 643 | 2 | 5 | 59.456 | 8 179 | 73 000 |
| 型号 6 | 593 | 2.5 | 4 | 53.075 | 7 350 | 54 200 |
| 型号 7 | 351 | 2 | 3.35 | 47 | 4 800 | 23 500 |
| 型号 8 | 549 | 2 | 4 | 56 | 7 607 | 68 300 |
| 型号 9 | 1 420.8 | 2 | 12.2 | 70 | 22 800 | 58 500 |
| 型号 10 | 2 951 | 2 | 8.4 | 117.04 | 41 730 | 292 500 |
| 型号 11 | 737 | 2 | 5.4 | 52 | 11 500 | 117 250 |
| 型号 12 | 294 | 4 | 2.8 | 44 | 4 860 | 15 750 |
| 型号 13 | 531 | 2 | 5.2 | 59.456 | 11 416 | |

资料来源：elonx 官网，wikipedia 官网

步骤 1：利用表 4.1 的数据，分别计算型号 1~12 与型号 13 的灰色关联度，并从低到高排序，为提高估算精确度，仅取与目标型号灰色关联度为 0.65 以上的样本进行排序和计算，如表 4.2 所示。

表 4.2　样本型号与目标型号的灰色关联度排序表

| 火箭型号 | 起飞质量/吨 | 级数 | 直径/米 | 长度/米 | 起飞推力/千牛 | 研制费用/万元 | 灰色关联度 |
|---|---|---|---|---|---|---|---|
| 型号 4 | 345 | 3 | 3.35 | 53.075 | 2 962 | 18 000 | 0.692 0 |
| 型号 6 | 593 | 2.5 | 4 | 53.075 | 7 350 | 54 200 | 0.783 1 |
| 型号 7 | 351 | 2 | 3.35 | 47 | 4 800 | 23 500 | 0.814 2 |
| 型号 8 | 549 | 2 | 4 | 56 | 7 607 | 68 300 | 0.832 8 |
| 型号 3 | 425.8 | 3 | 3.35 | 52.52 | 2 962 | 20 500 | 0.903 9 |
| 型号 5 | 643 | 2 | 5 | 59.456 | 8 179 | 73 000 | 0.929 0 |
| 型号 11 | 737 | 2 | 5.4 | 52 | 11 500 | 117 250 | 0.947 4 |
| 型号 13 | 531 | 2 | 5.2 | 59.456 | 11 416 | | |

步骤 2：筛选关键影响因子并确定各因子的权重 $w_j$ 的大小顺序。

设起飞质量、级数、直径、长度、起飞推力分别为 $w_1$、$w_2$、$w_3$、$w_4$、$w_5$。

$$\max f(w_1, w_2, \cdots, w_m) = \frac{1}{2} \sum_{j=1}^{m} w_j \left( \sum_{i=1}^{n} v_{ij} \right) - \frac{1}{2} \sum_{j=1}^{m} w_j \ln w_j$$

$$\text{s.t.} \sum_{j=1}^{m} w_j = 1, \quad w_j \geqslant 0 \tag{4.15}$$

解得 $w_1 = 0.2011$、$w_2 = 0.1143$、$w_3 = 0.0975$、$w_4 = 0.0543$、$w_5 = 0.5327$，火箭长度的权重较小，可舍去，故研制费用的关键影响因子按权重大小排序分别为起飞推力、起飞质量、级数、直径。

步骤 3：分别计算各个关键影响因子的累加序列值。

设研制费用、起飞质量、级数、直径、起飞推力分别为 $r_1$、$r_2$、$r_3$、$r_4$、$r_5$，由此建立极大熵模型：

$$\max f(r_1, r_2, \cdots, r_5) = -\sum_{i=1}^{5} r_i \ln r_i$$

$$\text{s.t.} \begin{cases} r_5 > r_2 > r_3 > r_4 \\ 0 < r_1 < 1 \\ \sum_{i=1}^{5} r_i = 1 \end{cases} \tag{4.16}$$

解得 $r_1 = 0.2$、$r_2 = 0.21$、$r_3 = 0.19$、$r_4 = 0.18$、$r_5 = 0.22$。

步骤 4：通过最小二乘法计算 GM(0, N) 模型的各项未知参数，建立 GM(0, N) 模型：

$$x_1^{(0.2)}(k) = a + b_2 x_2^{(0.21)}(k) + b_3 x_3^{(0.19)}(k) + b_4 x_4^{(0.18)}(k) + b_5 x_5^{(0.22)}(k) \quad (4.17)$$

参数的最小二乘估计满足 $[a, b_1, b_2, b_3, b_4, b_5]^{\mathrm{T}} = (\boldsymbol{B}^{\mathrm{T}} \boldsymbol{B})^{-1} \boldsymbol{B}^{\mathrm{T}} \boldsymbol{Y}$。其中，

$$\boldsymbol{B} = \begin{bmatrix} 1 & x_2^{(0.21)}(2) & \cdots & x_5^{(0.22)}(2) \\ 1 & x_2^{(0.21)}(3) & \cdots & x_5^{(0.22)}(3) \\ \vdots & \vdots & & \vdots \\ 1 & x_2^{(0.21)}(11) & \cdots & x_5^{(0.22)}(11) \end{bmatrix} \quad (4.18)$$

$$\boldsymbol{Y} = \begin{bmatrix} x_1^{(0.2)}(2) \\ x_1^{(0.2)}(3) \\ \vdots \\ x_1^{(0.2)}(11) \end{bmatrix} \quad (4.19)$$

由于矩阵中各数据为分数阶累加，故需按照与目标型号的相关度排序求出各分数阶累加后的矩阵数值，计算公式为

$$x^{(r)}(k) = \sum_{i=1}^{k} \frac{\gamma(r+k-i)}{\gamma(k-i+1)\gamma(r)} x^{(0)}(i) \quad (4.20)$$

其中，$x^{(0)}(i)$ 为原始数据，运用 Matlab 软件进行计算，计算结果如表 4.3 所示。

**表 4.3 分数阶累加矩阵**

| $k$ | $x_1^{(0.2)}(k)$ 研制费用 | $x_2^{(0.21)}(k)$ 起飞质量 | $x_3^{(0.19)}(k)$ 级数 | $x_4^{(0.18)}(k)$ 直径 | $x_5^{(0.22)}(k)$ 起飞推力 |
|---|---|---|---|---|---|
| 1（型号 4） | 18 000 | 345 | 3 | 3.35 | 2 962 |
| 2（型号 6） | 57 800 | 665.5 | 3.07 | 4.603 | 8 002 |
| 3（型号 7） | 36 500 | 519.4 | 2.814 2 | 4.425 8 | 6 815 |
| 4（型号 8） | 81 090 | 730.3 | 2.910 2 | 5.286 3 | 9 944 |
| 5（型号 3） | 43 020 | 667.1 | 3.009 9 | 4.94 | 6 246 |
| 6（型号 5） | 92 240 | 901.4 | 3.101 1 | 6.703 6 | 11 116 |
| 7（型号 11） | 146 100 | 1 060.3 | 3.183 8 | 7.523 5 | 15 506 |
| 8（型号 13） | | 920.1 | 3.258 9 | 7.686 8 | 16 856 |

将表 4.3 中的数据代入计算得

$$x_1^{(0.2)}(k) = 148.449\,125\,8 x_2^{(0.21)}(k) + 28\,698.620\,54 x_3^{(0.19)}(k)$$
$$+ 12\,245.963\,95 x_4^{(0.18)}(k) + 8.811\,826\,99 x_5^{(0.22)}(k) + 33\,922.882\,6 \quad (4.21)$$

步骤 5：将目标型号参数值代入模型，预测目标型号的研制费用。将型号

13 分数阶累加所得的各因子参数代入模型，得分数阶累加后的型号 13 的研制费用为 160 427.528 1 万元，因 $x_1^{(0.2)}(8) = \sum_{i=1}^{7} \frac{\gamma(8.2-i)}{\gamma(9-i)\gamma(0.2)}x_1^{(0)}(i) + \frac{\gamma(0.2)}{\gamma(1)\gamma(0.2)}x_1^{(0)}(8)$ ，故 $131\,384.868\,8 = 43\,806.501\,18 + x_1^{(0)}(8)$ ，得型号 13 的预测研制费用为 87 578.367 62 万元。

步骤 6：计算偏差。

在后续的实际研制过程中，综合计算得出型号 13 的研制费用为 87 750 万元，与预测研制费用的偏差为

$$\frac{(87\,578.367\,62 - 87\,750)}{87\,750} \times 100\% = -0.1956\% \tag{4.22}$$

同时，根据其他已知型号计算结果得，样本数据与目标型号数据灰色关联度越高，所确定的影响因子权重相同的可能性越大，由此得出的研制费用预测值与实际值偏差越小；反之，若样本数据与目标型号数据灰色关联度不高（如所有样本与目标型号灰色关联度均为 0.6 及以下）或与目标型号数据相类似的样本数据过少，则较难确定各样本与目标型号研制费用的关键影响因子是否一致，导致费用估算偏差较大。

## 4.3　可重复使用运载火箭研制费用 GM-PLS 概估模型

### 4.3.1　研制费用概估模型构建

在 Transcost 模型中，起飞质量为主要影响因素，并假设研制费用与起飞质量之间具有幂指数关系，这也为后人提供了参考，在进行费用估算时从研制装备的物理性能方面入手。本章在参考之前的研究的基础上，将火箭的级数、起飞质量、直径、长度、起飞推力作为参数来构建费用估算模型。

本章借鉴 PRICE 模型的思想（基本成本 $= A \times$ 重量$^{制造复杂度}$），并通过美国航天飞机系统的投标报告可知，研制费用的主要影响因素包括质量、推力和面积等参数，它们与研制费用之间的关系为幂函数关系。由此建立费用估算模型：$C = a \times M^{b_1} \times D^{b_2} \times L^{b_3} \times F^{b_4} \times N^{b_5}$，其中，$M$ 为起飞质量、$D$ 为直径、$L$ 为长度、$F$ 为起飞推力、$N$ 为级数、$a, b_1, b_2, b_3, b_4, b_5$ 均为固定常数值。

由于获得的样本数据中火箭各个型号可能并不属于同一个类别，将各型号数据都代入模型可能导致误差增大。因此，在将数据代入模型求解之前，本章先利用灰色关联聚类的方法对样本数据进行处理，将样本按照事物的自然特性划分成不同的灰色类别，为接下来得到更为准确的模型做好准备。此外，为了避免自变

量之间存在的多重共线性的影响,本章基于 PLS 对模型参数进行求解。综上所述,火箭型号研制费用灰色聚类 GM-PLS 估算模型构建步骤如下:①对已知各型号进行灰色关联聚类分析,筛除不属于同一类别的型号;②利用散点图刻画出研制费用分别与各性能参数之间的关系;③根据散点图所刻画出的参数之间的关系建立费用估算模型;④利用 PLS 方法求解模型中的各未知参数;⑤将目标型号参数值代入模型,预测目标型号的研制费用。

### 4.3.2　基于灰色聚类的 GM-PLS 的航天型号研制费用估算案例分析

基于以往数据,通过整理得到部分火箭型号研制费用与各驱动因子的对应参数,如表 4.4 所示。

表 4.4　各型号参数数据

| 火箭型号 | 起飞质量/吨 | 级数 | 直径/米 | 长度/米 | 起飞推力/千牛 | 研制费用/万元 |
|---|---|---|---|---|---|---|
| 型号 1 | 243 | 2 | 3 | 43 | 2 962 | 8 200 |
| 型号 2 | 244 | 3 | 3.35 | 47 | 2 962 | 12 000 |
| 型号 3 | 425.8 | 2 | 3.35 | 52.52 | 2 962 | 20 500 |
| 型号 4 | 345 | 3 | 3.35 | 53.075 | 2 962 | 18 000 |
| 型号 5 | 643 | 2 | 5 | 59.456 | 8 179 | 73 000 |
| 型号 6 | 593 | 2.5 | 4 | 53.075 | 7 350 | 54 200 |
| 型号 7 | 351 | 2 | 3.35 | 47 | 4 800 | 23 500 |
| 型号 8 | 549 | 2 | 4 | 56 | 7 607 | 68 300 |
| 型号 9 | 1 420.8 | 2 | 12.2 | 70 | 22 800 | 58 500 |
| 型号 10 | 2 951 | 2 | 8.4 | 117.04 | 41 730 | 292 500 |
| 型号 11 | 737 | 2 | 5.4 | 52 | 11 500 | 117 250 |
| 型号 12 | 294 | 4 | 2.8 | 44 | 4 860 | 15 750 |
| 型号 13 | 531 | 2 | 5.2 | 59.456 | 11 416 | 87 750 |

资料来源:elonx 官网,wikipedia 官网

步骤 1:对已知各型号进行灰色关联聚类分析。本章对关联度临界值 $r$ 取 0.75,其所对应的分类结果如表 4.5 所示。

表 4.5　灰色关联聚类分类结果

| 第一类 | 1、2、3、4、5、6、7、8、11、12、13 |
|---|---|
| 第二类 | 9、10 |

根据分类结果，可见型号 9、10 与其他各型号不属于一类，因此将其剔除。

步骤 2：利用散点图刻画出研制费用分别与各性能参数之间的关系，如图 4.2～图 4.6 所示。

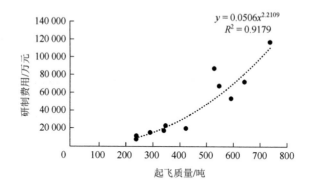

图 4.2　起飞质量-研制费用散点图

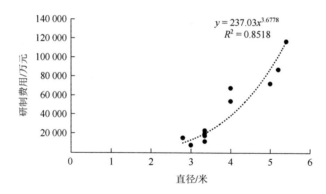

图 4.3　直径-研制费用散点图

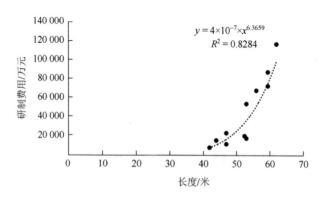

图 4.4　长度-研制费用散点图

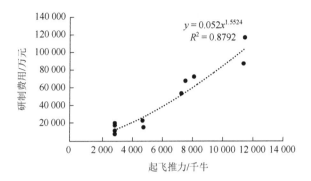

图 4.5　起飞推力-研制费用散点图

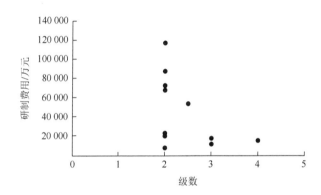

图 4.6　级数-研制费用散点图

计算各参数指标之间的灰色关联度，结果如表 4.6 所示。

表 4.6　各参数指标间灰色关联度

| 参数指标 | 起飞质量 | 级数 | 直径 | 长度 | 起飞推力 | 研制费用 |
|---|---|---|---|---|---|---|
| 起飞质量 | 1 | 0.5368 | 0.8266 | 0.7442 | 0.8123 | 0.8362 |
| 级数 | | 1 | 0.5593 | 0.5521 | 0.5766 | 0.5846 |
| 直径 | | | 1 | 0.6723 | 0.7458 | 0.7625 |
| 长度 | | | | 1 | 0.6336 | 0.6061 |
| 起飞推力 | | | | | 1 | 0.7817 |
| 研制费用 | | | | | | 1 |

图 4.2～图 4.6 显示，除级数外，各性能参数与研制费用之间均呈现幂函数关系，支持了上文最初建立的模型；与此同时，除级数外，各性能参数与研制费用之间的关联度较高，适合用于对研制费用进行估算。因此，在接下来建模的过程中暂不考虑级数。

步骤 3：根据散点图所刻画出的参数之间的关系建立费用估算模型，得

$$C = a \times M^{b_1} \times D^{b_2} \times L^{b_3} \times F^{b_4} \tag{4.23}$$

计算各参数指标之间的相关系数，结果如表 4.7 所示。

**表 4.7　相关系数表**

| 参数指标 | 起飞质量 | 直径 | 长度 | 起飞推力 | 研制费用 |
|---|---|---|---|---|---|
| 起飞质量 | 1 | 0.8811 | 0.9024 | 0.8488 | 0.9255 |
| 直径 | | 1 | 0.9161 | 0.9176 | 0.9534 |
| 长度 | | | 1 | 0.7991 | 0.8922 |
| 起飞推力 | | | | 1 | 0.9639 |
| 研制费用 | | | | | 1 |

由此可见，各参数指标之间的相关系数较大，存在较强的相关性，在小样本且各参数指标之间存在较强相关性的情况下，采用普通的回归分析方法可能会出现多重共线性等情况，因此本章采用 SIMCA-P 软件对所建立的模型进行偏最小二乘回归。

步骤 4：利用 PLS 方法求解模型中的各未知参数。

由于所建立的模型为幂函数形式，因此先要对等式两边同时取对数，使其线性化，得到如下模型：

$$\ln C = \ln a + b_1 \ln M + b_2 \ln D + b_3 \ln L + b_4 \ln F \tag{4.24}$$

同时将表 4.7 中的数据进行对数化，之后将线性化后的模型用 SIMCA-P 软件进行回归。筛选后还剩余 11 个型号，选取前 8 个型号作为回归建模数据，后 3 个型号作为检验样本。

回归结果显示，总共提取了两个主成分，并且从图 4.7 可以看出 $t_1$ 与 $u_1$ 的线性关系明显，自变量与因变量的相关系数 $R^2 = 0.87$，可见自变量与因变量之间存在高度线性相关关系，适合采用偏最小二乘法进行回归。

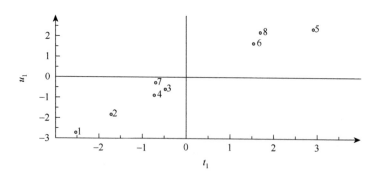

图 4.7　$t_1$-$u_1$ 关系图

为了分析各自变量对因变量的影响大小，绘制变量投影图，如图 4.8 所示，利用变量投影重要性指标 $\text{VIP}_i$ 来描述每一个自变量对因变量的影响程度，并且当 $\text{VIP}_i > 1$ 时，表示自变量 $x_i$ 对因变量有着重要作用。从图 4.8 中可以看出自变量对因变量的影响程度从大到小排序为 $x_1 > x_4 > x_2 > x_3$，并且起飞质量 $x_1$、起飞推力 $x_4$ 的 VIP 值都大于 1，因此二者对于因变量研制费用有着重要作用。

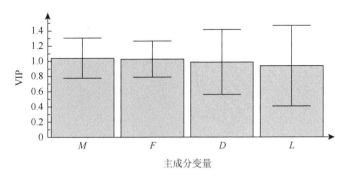

图 4.8　变量投影图

回归所得模型如下：

$$\ln C = -6.126\,93 + 0.728\,073\ln M + 0.445\,357\ln D$$
$$+ 1.157\,03\ln L + 0.810\,918\ln F \tag{4.25}$$

接着再对式（4.25）进行反对数化处理，得到的费用模型如式（4.26）所示：

$$C = 0.002\,183 \times M^{0.728\,073} \times D^{0.445\,357} \times L^{1.157\,03} \times F^{0.810\,918} \tag{4.26}$$

步骤 5：将目标型号参数值代入模型，预测目标型号的研制费用。

用式（4.26）计算得到的研制费用估计值与真实值的数据如表 4.8 所示。最终计算得到平均误差率为 9.82%。

表 4.8　估算结果

| 型号 | 估计值/万元 | 真实值/万元 | 误差率（绝对值） |
| --- | --- | --- | --- |
| 11 | 131 751.1 | 117 250 | 12.37% |
| 12 | 16 845.11 | 15 750 | 6.95% |
| 13 | 96 641.07 | 87 750 | 10.13% |

# 4.4　本章小结

本章在灰色聚类分析和关键影响因子识别的基础上，对火箭型号数据进行灰色关联聚类分析，筛选出关联度较高的因子进行计算。为进一步提高计算精度，根据灰色系统思想，构建研制费用粗估的分数阶累加 $GM(0, N)$ 模型，并在此基础上，将 PRICE 模型融入灰色系统理论，建立可重复使用运载火箭研制费用的 GM-PLS 概估模型。最后，通过对基于灰色聚类的 GM-PLS 的航天型号研制费用估算的案例进行分析，验证了模型的准确性和有效性。

# 第5章　可重复使用运载火箭研制费用精估
# 与粗/精算模型

可重复使用运载火箭精估与粗/精算分别发生在方案设计阶段、初样设计阶段及试样设计阶段。因此，本章通过对方案设计阶段每一分系统所需的费用进行估算，得到在给定分系统关键指标要求下可重复使用运载火箭研制及发射全过程的精估费用；基于 WBS 对初样设计阶段流程中的工作活动进行细分，并对每一项工作活动的大致费用进行累加，以此得到可重复使用运载火箭研制全过程的粗算费用；根据可重复使用运载火箭的 PBS，将其每一部分产品转化为 BOM，借助 BOM 模型和财务报表得出精确费用。

## 5.1　可重复使用运载火箭研制费用精估模型

在可重复使用运载火箭的方案设计阶段，具有了方案设计报告及对分系统初样设计的要求后，可根据可重复使用运载火箭的分系统参数要求，对其总体费用进行精估。根据可重复使用运载火箭的总体设计框架，对每一个分系统的费用按照设定的参数进行估算，各个分系统费用累加所得的综合费用即可重复使用运载火箭的总体估算费用。本节主要基于参数法和 COCOMO II 模型对某型号可重复使用运载火箭的各个分系统研制费用做估算研究。

### 5.1.1　可重复使用运载火箭总体设计框架

可重复使用运载火箭总体设计框架如图 5.1 所示，根据框架图可知，在方案设计中，将火箭总体结构大致分为六个分系统：箭体结构系统、推进系统、发射支持系统、控制系统、飞行测量及安全系统、其他系统。

图 5.1　可重复使用运载火箭总体设计框架

箭体结构系统和推进系统两个分系统初步构成了火箭的外部总体框架结构，发射支持系统则是帮助运载火箭在发射点成功完成组装、发射等，可认为是火箭结构的辅助系统，这三者构成了运载火箭研制发射可见的外部总体结构，为火箭的"硬件"设施；控制系统、飞行测量及安全系统都以计算机软件、信息技术控制等为主，涉及硬件的部分较少，为火箭的"软件"设施。因此，通过对各个分系统设定的主要参数进行分析，运用参数法对箭体结构系统、推进系统、发射支持系统及两个"软件"系统中的硬件设施费用进行精估，运用 COCOMO II 模型对控制系统、飞行测量及安全系统软件费用进行精估。

### 5.1.2　可重复使用运载火箭箭体结构系统费用估算

在可重复使用运载火箭五大系统（不包括其他系统）中，箭体结构系统是将其他四个系统进行有效连接以形成整体的分系统，通过形成火箭整体来提供可靠的工作环境，并在获得相关地面操作和外力的情况下，保持其气动外形，确保火箭的完整体。

根据箭体结构的主要设计依据和输入文件，通过专家咨询和文献查阅[38-40, 99, 139-143]等方式，确定以下参数为可重复使用运载火箭箭体结构的费用影响因子：局部连接强度（$x_1$）、结构强度（$x_2$）、结构安全系数（$x_3$）、安装支架动强度（$x_4$）、箭体结构可靠性指标（$x_5$）。根据部分已知型号可重复使用运载火箭箭体结构参数数据及费用，建立相应的费用估算模型。

部分已知型号可重复使用运载火箭主要参数指标值（$x_1 \sim x_5$）及箭体结构费用如表 5.1 所示。

**表 5.1　可重复使用运载火箭箭体结构研制费用数据表**

| 型号 | 局部连接强度/兆帕 | 结构强度/兆帕 | 结构安全系数 | 安装支架动强度/兆帕 | 箭体结构可靠性指标 | 箭体结构费用/万美元 |
|------|------|------|------|------|------|------|
| 型号 1 | 102 | 225 | 1.61 | 132 | 98.6% | 11 536 |
| 型号 2 | 95 | 208 | 1.65 | 126 | 99.1% | 11 188 |
| 型号 3 | 82 | 197 | 1.62 | 108 | 98.2% | 8 750 |
| 型号 4 | 113 | 205 | 1.73 | 114 | 98.4% | 12 549 |
| 型号 5 | 88 | 201 | 1.62 | 111 | 97.9% | 9 236.5 |
| 型号 6 | 121 | 253 | 1.82 | 137 | 99.5% | 14 375.8 |

资料来源：elonx 官网，wikipedia 官网

基于 PRICK 参数法和偏最小二乘法步骤，建立可重复使用运载火箭箭体结构

研制费用（用编号 01 表示）参数法估算模型：

$$C_{01} = a \cdot x_1^{b_1} \cdot x_2^{b_2} \cdot x_3^{b_3} \cdot x_4^{b_4} \cdot x_5^{b_5} \qquad (5.1)$$

对该模型取对数得

$$\ln C_{01} = \ln a + b_1 \ln x_1 + b_2 \ln x_2 + b_3 \ln x_3 + b_4 \ln x_4 + b_5 \ln x_5 \qquad (5.2)$$

先计算自变量之间的相关系数，如表 5.2 所示。

**表 5.2　自变量相关系数（一）**

| 自变量 | $x_1$ | $x_2$ | $x_3$ | $x_4$ | $x_5$ |
|---|---|---|---|---|---|
| $x_1$ | 1 | | | | |
| $x_2$ | 0.7765 | 1 | | | |
| $x_3$ | 0.8690 | 0.7101 | 1 | | |
| $x_4$ | 0.6676 | 0.8935 | 0.4707 | 1 | |
| $x_5$ | 0.6680 | 0.7993 | 0.6776 | 0.8591 | 1 |

由表 5.2 可知，自变量之间的相关性较强，且样本量较少，适合使用偏最小二乘法对原始数据进行回归分析，由此可得可重复使用运载火箭箭体结构研制生产费用的具体估算模型：

$$C_{01} = e^{-25.5043} \cdot x_1^{0.315\,998} \cdot x_2^{0.412\,95} \cdot x_3^{0.811\,165} \cdot x_4^{0.376\,464} \cdot x_5^{6.300\,86} \qquad (5.3)$$

根据式（5.3）对上述可重复使用运载火箭箭体结构费用进行测算，偏差如表 5.3 所示。

**表 5.3　可重复使用运载火箭箭体结构费用估算偏差**

| 型号 | 实际费用/万美元 | 估算费用/万美元 | 偏差 |
|---|---|---|---|
| 型号 1 | 11 536 | 11 452.481 7 | −0.724 0% |
| 型号 2 | 11 188 | 11 218.482 4 | 0.272 5% |
| 型号 3 | 8 750 | 9 190.985 9 | 5.039 8% |
| 型号 4 | 12 549 | 11 273.507 9 | −10.164 1% |
| 型号 5 | 9 236.5 | 9 392.159 1 | 1.685 3% |
| 型号 6 | 14 375.8 | 15 049.102 2 | 4.683 6% |

由表 5.3 可知，估算较为准确，因此可以用该模型对目标型号可重复使用运载火箭箭体结构研制费用进行估算。

### 5.1.3 可重复使用运载火箭推进系统费用估算

推进系统作为可重复使用运载火箭的最重要分系统之一，是火箭产生推进力的系统。通过专家咨询和文献查阅[38-40, 74-77, 99, 144-146]等方式，确定以下参数为可重复使用运载火箭推进系统的费用影响因子：发动机海平面比冲（$x_1$）、发动机平均每秒推进剂流量（$x_2$）、发动机质量（$x_3$）、发动机平均工作时间（$x_4$）、发动机推重比（$x_5$）。根据部分已知型号的可重复使用运载火箭参数数据及推进系统费用，建立相应的费用估算模型，对目标型号的可重复使用运载火箭推进系统费用进行精确估算。

部分已知型号的可重复使用运载火箭主要参数指标值（$x_1 \sim x_5$）及推进系统费用如表 5.4 所示。

**表 5.4　可重复使用运载火箭推进系统研制费用数据表**

| 型号 | 发动机海平面比冲/秒 | 发动机平均每秒推进剂流量/（升/秒） | 发动机质量/千克 | 发动机平均工作时间/秒 | 发动机推重比 | 推进系统费用/万美元 |
|---|---|---|---|---|---|---|
| 型号 1 | 311 | 2 631 | 548 | 147 | 78.44 | 13 458.7 |
| 型号 2 | 255.4 | 2 542 | 527 | 159 | 94 | 13 985 |
| 型号 3 | 275 | 2 684 | 653 | 151 | 73 | 10 888.9 |
| 型号 4 | 282 | 2 518 | 647 | 152 | 107 | 14 640.5 |
| 型号 5 | 261 | 2 703 | 601 | 145 | 79 | 10 775.9 |
| 型号 6 | 330 | 2 577 | 468 | 178 | 160 | 16 771.8 |

资料来源：elonx 官网，wikipedia 官网

通过计算得到自变量的相关系数，如表 5.5 所示。

**表 5.5　自变量相关系数（二）**

| 自变量 | $x_1$ | $x_2$ | $x_3$ | $x_4$ | $x_5$ |
|---|---|---|---|---|---|
| $x_1$ | 1 | | | | |
| $x_2$ | −0.1463 | 1 | | | |
| $x_3$ | −0.5385 | 0.2827 | 1 | | |
| $x_4$ | 0.5637 | −0.4678 | −0.7322 | 1 | |
| $x_5$ | 0.6470 | −0.5366 | −0.6508 | 0.9267 | 1 |

因此，运用 SIMCA-P 软件对数据进行偏最小二乘分析，可得可重复使用运载火箭推进系统研制费用（用编号 02 表示）估算模型为

$$C_{02} = e^{32.6797} \cdot x_1^{0.350\,432} \cdot x_2^{-3.318\,94} \cdot x_3^{-0.168\,314} \cdot x_4^{0.261\,106} \cdot x_5^{0.151\,951} \tag{5.4}$$

根据式（5.4）对上述已知各项参数的可重复使用运载火箭推进系统费用进行测算，偏差如表 5.6 所示。

表 5.6　已知参数的可重复使用运载火箭推进系统费用估算偏差

| 型号 | 实际费用/万美元 | 估算费用/万美元 | 偏差 |
| --- | --- | --- | --- |
| 型号 1 | 13 458.7 | 12 816.865 6 | −4.768 9% |
| 型号 2 | 13 985 | 14 161.367 8 | 1.261 1% |
| 型号 3 | 10 888.9 | 11 112.163 3 | 2.050 4% |
| 型号 4 | 14 640.5 | 14 733.434 2 | 0.634 8% |
| 型号 5 | 10 775.9 | 10 823.293 6 | 0.439 8% |
| 型号 6 | 16 771.8 | 16 864.513 2 | 0.552 8% |

由表 5.6 可知，估算较为准确，因此可用该模型对目标型号可重复使用运载火箭推进系统研制费用进行估算。

## 5.1.4　可重复使用运载火箭控制系统和飞行测量及安全系统硬件费用估算

可重复使用运载火箭控制系统、飞行测量及安全系统硬件部分主要包含地面站计算机、箭载计算机、通信数据链、应答机、信标机等设备。

可重复使用运载火箭控制系统、飞行测量及安全系统硬件费用主要为硬件研制费，其与分系统性能、任务复杂度和系统可靠度有关。因此，基于参数估算法，分别选取 CPU（central processing unit，中央处理器）数量、任务复杂度以及平均无故障时间（含控制系统和飞行测量及安全系统）驱动因子构建硬件研制费用估算模型：

$$C_H = a \cdot y_1^{b_1} \cdot y_2^{b_2} \cdot y_3^{b_3} \tag{5.5}$$

根据已有数据，选择其中五种作为样本数据，对硬件研制费用估算模型参数进行计算，具体如表 5.7 所示。

表 5.7 可重复使用运载火箭控制系统、飞行测量及安全系统硬件费用数据表

| 型号 | CPU 数量 $y_1$ /颗 | 任务复杂度 $y_2$ | 平均无故障时间 $y_3$ /小时 | 费用 $C_H$ /万美元 |
|------|------|------|------|------|
| 型号 1 | 47 | 162 | 350 | 742.83 |
| 型号 2 | 35 | 167 | 343 | 643.52 |
| 型号 3 | 54 | 180 | 450 | 961.75 |
| 型号 4 | 49 | 193 | 360 | 892.47 |
| 型号 5 | 42 | 158 | 273 | 778.89 |

对硬件研制费用估算模型取对数得

$$\ln C_H = \ln a + b_1 \ln y_1 + b_2 \ln y_2 + b_3 \ln y_3 \tag{5.6}$$

基于相关性分析结果可知，所选取的驱动因子与硬件研制费用的相关性较高，样本量比因变量参数个数多，满足多元线性回归参数估计，其相应结果如下：

$$C_H = 4.432\,661 \cdot y_1^{0.802\,205} \cdot y_2^{0.643\,525} \cdot y_3^{-0.200\,498} \tag{5.7}$$

运用式（5.7）对上述已知参数的费用进行测算并计算偏差，结果如表 5.8 所示。

表 5.8 可重复使用运载火箭控制系统、飞行测量及安全系统硬件费用估算偏差

| 型号 | 实际费用/万美元 | 估算费用/万美元 | 偏差 |
|------|------|------|------|
| 型号 1 | 742.83 | 797.6072 | 7.3741% |
| 型号 2 | 643.52 | 641.6883 | −0.2846% |
| 型号 3 | 961.75 | 916.4977 | −4.7052% |
| 型号 4 | 892.47 | 913.6425 | 2.3723% |
| 型号 5 | 778.89 | 745.9704 | −4.2265% |

由表 5.8 可知，估算模型较为可行，因此可用该模型对某型号可重复使用运载火箭控制系统、飞行测量及安全系统硬件费用进行估算。

### 5.1.5 可重复使用运载火箭控制系统和飞行测量及安全系统软件费用估算

控制系统主要包含制导系统、姿态控制系统、电源配电系统、测发系统和回收系统，其主要任务是能够有效应对内外干扰和实际环境条件，并按照预定要求将有效载荷准确送入轨道，然后对可回收部分进行有效回收。

飞行测量及安全系统是由遥测系统以及外弹道测量与安全系统两大部分组成，主要功能是实时检测火箭各项数据并进行判断调整，以保证火箭的正常运行，防止出现重大事故。

控制系统、飞行测量及安全系统的软件开发成本通过 COCOMO Ⅱ 模型进行估算。

**1. 可重复使用运载火箭控制系统、飞行测量及安全系统软件成本估算 COCOMO Ⅱ 模型**

COCOMO Ⅱ 模型在软件成本估算上的应用较为广泛，它通过将软件费用估算看成一系列费用驱动因子的函数，并基于系统特征，将软件费用与各部分工作量、进度的估算联系起来，具体步骤为：首先，采用软件规模估算方法对目标任务的规模进行估算，并采用比例因子，将规模转化为工作量；其次，采用进度计算公式，对目标任务的时间进行估计；最后，结合开发人员数、开发周期等即可估算出最终的软件开发费用。

根据 COCOMO Ⅱ 的基本思想，首先绘制出控制系统、飞行测量及安全系统软件成本估算 COCOMO Ⅱ 模型框架，如图 5.2 所示。

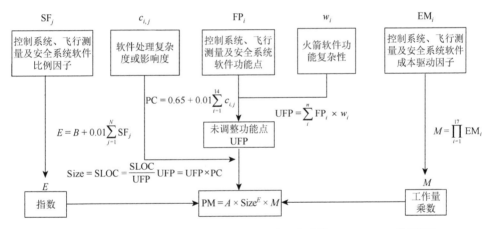

图 5.2　控制系统、飞行测量及安全系统软件成本估算 COCOMO Ⅱ 模型框架

由图 5.2 可知，可重复使用运载火箭控制系统、飞行测量及安全系统软件成本估算 COCOMO Ⅱ 模型的核心估算关系式为

$$PM = A \times Size^E \times \prod_{i=1}^{17} EM_i \tag{5.8}$$

其中，PM 为所需工作量，单位为人月，指一个人一个月内进行软件开发的时间数；$A$ 为参数校准因子，受组织实施和软件类型的影响，通常取值为 2.94；Size 为软件规模，通常用源代码量或功能点数进行估计；$E$ 为规模的修正常数；$M$ 为工作量乘数。

模型的输入共分为功能点、功能复杂性、比例因子和成本驱动因子四个方面，输出为开发软件的标准工作量大小。模型具体的输入、输出信息如表 5.9 所示。

表 5.9　控制系统、飞行测量及安全系统软件成本估算 COCOMO Ⅱ 模型输入、输出

| 模型输入 | | | 一级输出 | 二级输出 |
|---|---|---|---|---|
| 功能点 FP | 内部逻辑文件 | 对应的复杂性 $w_i$ （查阅功能复杂性矩阵进行评定） | 软件规模 Size | |
| | 外部接口文件 | | | |
| | 外部输入 | | | |
| | 外部输出 | | | |
| | 外部查询 | | | |
| | 从 UFP （unadjusted function points，未调整功能点数）到 SLOC （source lines of code，源代码行）的缺省转换率 | | | |
| 比例因子 SF | 已有案例情形 | | 指数 $E$ | |
| | 开发机动性 | | | |
| | 软件架构/风险防范能力 | | | |
| | 开发团队配合程度 | | | |
| | 开发过程熟练程度 | | | |
| 成本驱动因子 EM | 产品因子 | 对软件可靠性的要求 | 工作量乘数 $M$ | 总工作量 PM |
| | | 对应数据库规模 | | |
| | | 对应的产品复杂性 | | |
| | | 对于产品的可复用开发特性 | | |
| | | 匹配 LCC 文档编制 | | |
| | 平台因子 | CPU 时间约束 | | |
| | | 所需主存储的约束 | | |
| | | 平台的移植性 | | |
| | 人员因子 | 产品分析员的能力 | | |
| | | 开发程序员的能力 | | |
| | | 人员的持续性参与能力 | | |
| | | 产品使用经验 | | |
| | | 平台使用经验 | | |
| | | 使用的语言和工具 | | |
| | 项目因子 | 所使用的软件工具特征 | | |
| | | 多点开发能力 | | |
| | | 开发进度的要求 | | |

## 2. 实例分析

为估算某型号可重复使用运载火箭控制系统、飞行测量及安全系统软件费用，已知部分设定的参数信息，根据模型框架示意图（图5.2）的流程进行软件费用估算。

步骤1：计算软件规模Size。

由于可重复使用运载火箭控制系统、飞行测量及安全系统可划归为大型软件，其功能点数往往较多，通常不少于500个，其评定结果如表5.10所示。

表 5.10　功能点规模估算

| 项目 | 可重复使用运载火箭控制系统和飞行测量及安全系统 | | |
| --- | --- | --- | --- |
| | PC = 1.11（具体计算见表5.11） | | |
| | 数量 | UFP | FPC（功能点成本）= UFP × PC |
| 内部逻辑文件 | 32 | 256 | 284 |
| 外部接口文件 | 25 | 140 | 155 |
| 外部输入 | 83 | 432 | 480 |
| 外部输出 | 41 | 178 | 198 |
| 外部查询 | 19 | 98 | 109 |
| 合计 | 200 | 1104 | 1226 |

表 5.11　PC 值调整因子计算

| 编号 | 因子名称 | 影响程度（0~5） | 描述说明 |
| --- | --- | --- | --- |
| 1 | 跨平台性 | 5 | 火箭发射回收涉及多方，要求较高 |
| 2 | 在线数据输入 | 5 | 大部分数据都为交互式数据项 |
| 3 | 数据通信 | 5 | 软件与硬件设备须保持实时通信 |
| 4 | 分布式数据处理 | 5 | 不同模块间可信息传输 |
| 5 | 最终用户效率 | 5 | 便于地面控制人员使用 |
| 6 | 性能 | 4 | 信息量较大，发射回收需要一定时间 |
| 7 | 复杂处理 | 4 | 主要针对异常情况的处理 |
| 8 | 处理速率 | 3 | 火箭发射为阶段性任务，执行频率不高 |
| 9 | 可重用性 | 3 | 一段时间内新一代系统开发和升级较少 |
| 10 | 易操作性 | 3 | 满足启动、备份、恢复等功能 |
| 11 | 可扩展性 | 3 | 存在逻辑处理和数据修改问题 |

| 编号 | 因子名称 | 影响程度（0～5） | 描述说明 |
|---|---|---|---|
| 12 | 在线升级 | 1 | 更新较少 |
| 13 | 重度配置 | 0 | 硬件合适 |
| 14 | 易安装性 | 0 | 无须特殊调整 |
| 合计（$\sum\limits_{i=1}^{14} c_{i,j}$） | | 46 | |
| $PC = 0.65 + 0.01\sum\limits_{i=1}^{14} c_{i,j}$ | | 1.11 | |

**步骤 2：计算指数 $E$。**

确定软件开发的比例因子及其等级得分，进而求得模型的指数 $E$（表 5.12），其中 $B = 0.91$。

**表 5.12　规模经济性计算**

| 比例因子（SF） | 取值 |
|---|---|
| 已有案例情形 | 3.72 |
| 开发机动性 | 5.07 |
| 软件架构/风险防范能力 | 1.41 |
| 开发团队配合程度 | 2.19 |
| 开发过程熟练程度 | 4.68 |
| 规模经济性<br>$E = 0.91 + 0.01\sum\limits_{j=1}^{5} SF_j$ | 1.0807 |

**步骤 3：计算工作量乘数 $M$。**

工作量乘数 $M$ 是根据 17 个不同的成本驱动因子通过专家（具体信息见附录 A）评价获得的指标，代入工作量乘数计算公式后求得的，结果如表 5.13 所示。

**表 5.13　工作量乘数计算**

| 名称 | 乘数值 | 名称 | 乘数值 |
|---|---|---|---|
| 数据库规模 | 1.18 | 要求的软件可靠度 | 1.52 |
| 产品复杂性 | 1.34 | 执行时间约束 | 1.63 |

续表

| 名称 | 乘数值 | 名称 | 乘数值 |
|---|---|---|---|
| 匹配 LCC 文档编制 | 0.95 | 可复用开发 | 0.85 |
| 语言和工具经验 | 0.84 | 主存储约束 | 1 |
| 分析员能力 | 0.75 | 平台易变性 | 0.79 |
| 应用经验 | 0.9 | 程序员能力 | 0.72 |
| 要求的开发进度 | 1 | 人员连续性 | 1 |
| 平台经验 | 1.15 | 软件工具的使用 | 0.85 |
| 多点开发 | 0.89 | 工作量乘数 $M$ | 0.8876 |

步骤 4：计算工作量 PM。

基于已有数据，按照历史经验，该承制单位的调整因子 $A$ 的取值为 0.95，其工作量估算公式如下：

$$\text{PM} = A \times \text{Size}^E \times M = 0.95 \times 1226^{1.0807} \times 0.8876 = 1835.154 \qquad (5.9)$$

即某型号可重复使用运载火箭控制系统、飞行测量及安全系统开发工作量为 1835.154 人月。

步骤 5：进度估算。

根据 COCOMO II .2000 模型，得到进度估算模型中 $C = 3.67$、$D = 0.28$、$B = 0.91$。已知开发进度 SCED = 1，故开发时间估算如下：

$$\begin{aligned}
\text{TDEV} &= \left[ C \times (\text{PM})^{(D+0.2\times(E-B))} \right] \times \frac{\text{SCED}}{100} \times 100\% \\
&= \left[ 3.67 \times (1835.154)^{(0.28+0.2\times(1.0807-0.91))} \right] \times \frac{1}{100} \times 100\% = 39 \qquad (5.10)
\end{aligned}$$

即某型号可重复使用运载火箭控制系统、飞行测量及安全系统开发周期为 39 个月。

步骤 6：软件开发成本 $C_s$。

假设该承制单位用于软件系统开发的人数为 10 人，单位成本按当前市值折算为 10 美元，那么其费用估算可采用式（5.11）进行计算：

$$C_s = \text{PM} \times \text{TDEV} \times N \times C_0 = 1835.154 \times 39 \times 10 \times 10 = 7\,157\,100.6 \qquad (5.11)$$

综上，某型号可重复使用运载火箭控制系统、飞行测量及安全系统软件开发成本为 715.710 06 万美元。

### 5.1.6　可重复使用运载火箭发射支持系统及其他系统费用估算

可重复使用运载火箭发射支持系统主要用于支持和保障运载火箭发射有效载荷（卫星、飞船及空间站等航天器）并对可回收部段进行有效回收，以及进行各种飞行试验，包括用于运输的运输车、运输保护设备、活动塔架、勤务塔、供电供气等。

可重复使用运载火箭其他系统包括火箭级间、火箭与有效载荷之间进行分离的分离系统、保障推进剂有效利用的推进剂利用系统、在意外发生时保障安全的逃逸系统等。由于这些系统的费用在不同型号火箭研制与发射过程中不会产生较大波动，仅仅会根据不同的需求进行轻微的调整，因此某型号可重复使用运载火箭发射支持系统及其他系统费用可依据类似火箭研制及发射的历史经验和相关方需求对以往的费用进行略微调整。根据以往的可重复使用运载火箭发射支持系统及其他系统费用的财务报表，对照本次发射任务中这两个系统是否有增加或减少的费用条目，若基本条目无变化，则可依据以往的报表费用×年折现率来作为本次发射任务中火箭发射支持系统与其他系统的估算费用。

## 5.2　可重复使用运载火箭研制费用粗/精算模型

可重复使用运载火箭方案设计阶段结束后，在初样设计阶段和试样设计阶段分别需要对其费用进行粗算和精算，以此对前期费用估算结果进行验证，若存在较大偏差，则进行分析并对模型进行相应调整。粗算和精算分别依据 WBS 和 PBS 进行。

### 5.2.1　可重复使用运载火箭研制费用粗算

在可重复使用运载火箭初样设计阶段，需要根据初样设计方案进行费用的初步计算。通过可重复使用运载火箭 WBS 可知，从火箭的论证申请阶段到最终的研制及发射阶段，所包含的费用主要为试验费、人工费、管理费、设施扩充和生产制造费、新材料技术研制费、材料费（火箭壳体结构、防火材料等）、火箭研制费、燃料动力费、其他设施费、火箭回收费等，费用分类如图 5.3 所示。

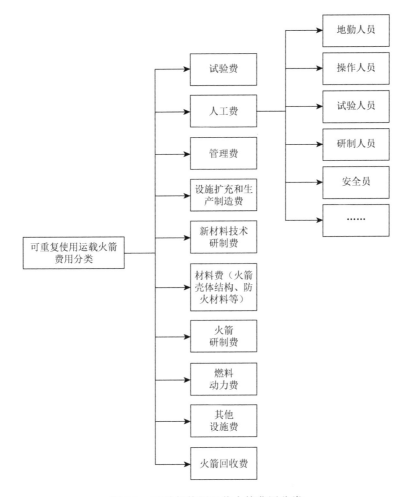

图 5.3　可重复使用运载火箭费用分类

可重复使用运载火箭的 WBS 将可重复使用运载火箭的整个生命周期分为论证申请、可行性论证、方案设计、初样设计、试样设计和研制及发射六个活动阶段，具体如图 5.4 所示，各活动阶段对应产生的各项费用的 WBS-CBS 如图 5.5～图 5.10 所示。其中，图 5.5 为论证申请阶段 WBS-CBS 模型，图 5.6 为可行性论证阶段 WBS-CBS 模型，图 5.7 为方案设计阶段 WBS-CBS 模型，图 5.8 为初样设计阶段 WBS-CBS 模型，图 5.9 为试样设计阶段 WBS-CBS 模型，图 5.10 为研制及发射阶段 WBS-CBS 模型。

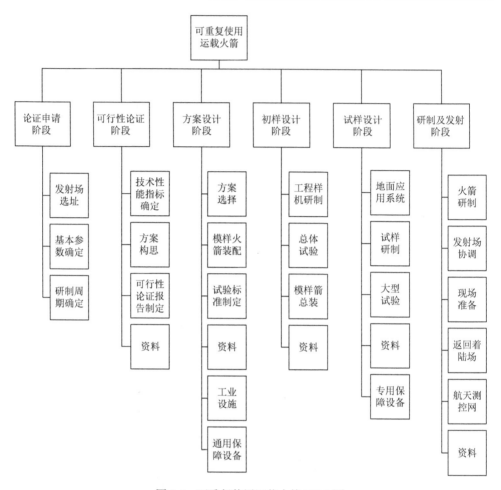

图 5.4  可重复使用运载火箭 WBS 图

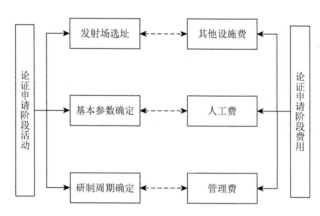

图 5.5  论证申请阶段 WBS-CBS 模型

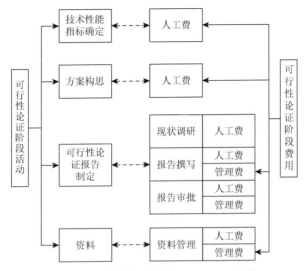

图 5.6　可行性论证阶段 WBS-CBS 模型

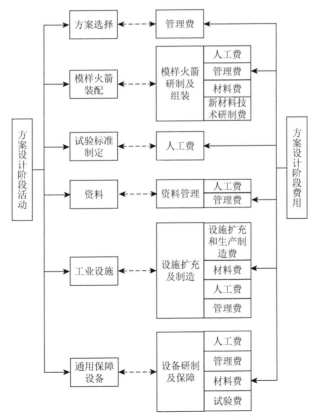

图 5.7　方案设计阶段 WBS-CBS 模型

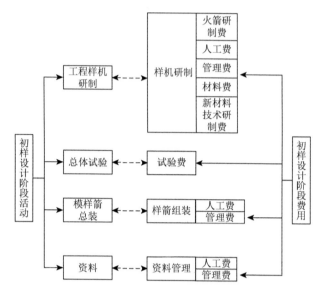

图 5.8　初样设计阶段 WBS-CBS 模型

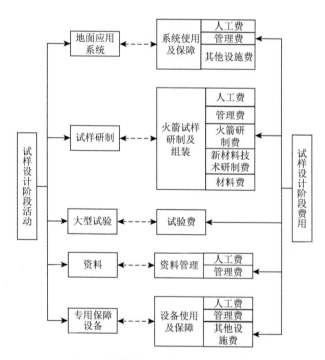

图 5.9　试样设计阶段 WBS-CBS 模型

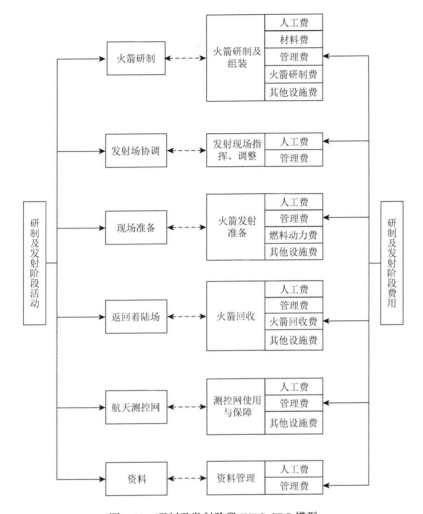

图 5.10　研制及发射阶段 WBS-CBS 模型

由 WBS 原则可知，图 5.4 中，方案设计阶段、试样设计阶段以及研制及发射阶段消耗了大量工作量，产生的人工费、管理费等都较高，是可重复使用运载火箭费用计算的关键部分。

论证申请阶段的主要活动包括发射场选址、基本参数确定和研制周期确定三个，对应费用分别为其他设施费、人工费和管理费。

可行性论证阶段的主要活动包括技术性能指标确定、方案构思、可行性论证报告制定、资料等，费用包括人工费和管理费。

　　方案设计阶段的主要活动包括方案选择、模样火箭装配、试验标准制定、资料、工业设施、通用保障设备，费用包括人工费、管理费、材料费、新材料技术研制费、设施扩充和生产制造费、试验费。

　　初样设计阶段主要包括工程样机研制、总体试验、模样箭总装和资料等活动，费用主要包括火箭研制费、人工费、管理费、材料费、新材料技术研制费、试验费。

　　试样设计阶段的主要活动包括地面应用系统、试样研制、大型试验、资料及专用保障设备等，费用主要包括火箭研制费、新材料技术研制费、材料费、人工费、管理费、其他设施费、试验费等。

　　研制及发射阶段的主要活动包括火箭研制、发射场协调、现场准备、返回着陆场、航天测控网、资料等，费用以人工费、管理费、火箭回收费、材料费、火箭研制费、燃料动力费、其他设施费等为主。

　　由此，根据各活动阶段的 WBS-CBS 图，将每阶段各项活动相对应的费用进行累加，所得到的即为可重复使用运载火箭研制发射全过程的粗算费用。

### 5.2.2　可重复使用运载火箭研制费用精算

　　可重复使用运载火箭研制费用精算主要发生在试样设计阶段，由于该阶段的主要任务是进行试样设计和生产，需要对运载火箭的性能指标和设计、生产质量进行全面鉴定。由于可重复使用运载火箭本身较为复杂，研制的具体费用（各部分构件、材料等的费用）需要另外进行精算，其他部分如试验、各项其他设施、人工等相关费用可依照 WBS-CBS 累加获得，因此需要依据火箭的 PBS 对火箭本身研制发射费用进行精算。

　　由图 5.11 可知，将每一个系统内的每一个产品都分解为 BOM，依靠由此形成的财务报表即可进行火箭本身研制发射费用的精算。本章以某型号可重复使用运载火箭推进系统中的发动机为例，构建 BOM 并进行费用累加计算。

　　如表 5.14 所示，将发动机分解为 BOM 后，整个发动机的研制费用便可依据表中各项物料所需进行费用折算后累加所得，火箭的其他部分构成也可如此进行分解折算累加。因此，在 WBS-CBS 所得的粗算费用基础上，将火箭各部分依靠 BOM 进行分解，根据折算后形成的财务报表累加进而得到可重复使用运载火箭研制及发射全过程的精算费用。

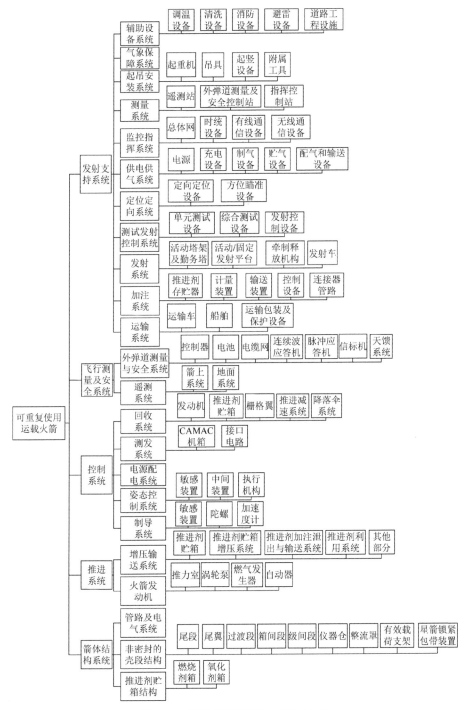

**图 5.11　可重复使用运载火箭 PBS 图**

CAMAC 的全称为中国民用航空维修协会（Civil Aviation Maintenance Association of China）

表 5.14　发动机 BOM 表

| 序号 | 物料编号 | 名称 | 规格/主要指标 | 数量/个 | 备注 |
|---|---|---|---|---|---|
| 1 | 10×××× | 顶盖 | 直径 2.5 米 | 3 | |
| 2 | 10×××× | 喷注盘 | ∅800 | 3 | 同轴凹形氢发汗喷注器 |
| 3 | 14×××× | 燃烧室 | 450 毫米×450 毫米×1000 毫米 | 3 | |
| 4 | 14×××× | 拉瓦尔喷管 | 喷管直径比 1.0 | 21 | |
| 5 | 14×××× | 火药启动器 | 质量流量 $q_m = 2.4 \pm 0.3$ 千克/秒<br>燃烧时间 $t_b = 0.8 \pm 0.1$ 秒 | 3 | 0.1 兆帕、0℃下 |
| 6 | 14×××× | 点火器 | 点火延迟时间≤30 毫秒<br>预定初始时间≤80 毫秒<br>使用期 11 年 | 4 | |
| 7 | 15×××× | 氢涡轮泵 | 转速 $3.5×10^4$ 转/分<br>设计扬程 16 兆帕<br>涡轮设计压比 15.5 | 6 | |
| 8 | 15×××× | 氧涡轮泵 | 转速 $1.8×10^4$ 转/分<br>设计扬程 14 兆帕<br>涡轮设计压比 14.0 | 6 | |

## 5.3　本 章 小 结

本章首先对可重复使用运载火箭框架进行分析；其次，通过专家评议和文献分析确定了可重复使用运载火箭箭体结构的费用影响因子，并基于 PRICE 参数法和偏最小二乘法步骤，建立可重复使用运载火箭箭体结构研制费用参数法估算模型和推进系统费用精确估算模型；最后，依据 BOM 分解，并在 WBS 和 PBS 的基础上，基于参数法和 COCOMO II 模型等构建了可重复使用运载火箭研制费用精估与粗/精算模型，提出的建模思路和方法对于可重复使用运载火箭研制具有现实的指导意义。

# 第6章 可重复使用运载火箭研制费用估算参数优化配置模型

基于上述章节得到的可重复使用运载火箭研制费用估算幂函数模型，借助贝叶斯统计相关理论，利用参数的后验分布来修正模型中的参数，采用偏最小二乘法构建参数配置模型，并以火箭型号数据对模型进行求解验证；对构建的COCOMO II 可重复使用运载火箭研制费用精算模型参数，采用贝叶斯、灰色关联等专家权重修正法进行修正，得到专家后验权重概率，实现研制费用估算模型参数优化。

## 6.1 偏最小二乘研制费用估算参数优化配置

### 6.1.1 问题描述

本书前面部分章节通过收集得到的火箭历史型号的各性能指标数据，利用偏最小二乘法求解出了研制费用估算的幂函数模型，但是，随着相关技术的进步，如火箭制造材料的更新、燃料性能的提升等，用该模型现有的形式来预测未来技术更为先进的可重复使用运载火箭的研制费用，误差将变大。原因在于，若新型号火箭采用碳纤维材料，此时起飞质量更轻，若预测模型的各参数值不变，计算出的费用将变低，但是，在实际情况中，技术水平的提高将导致更多资金的投入，研制费用应该有所增长。鉴于此，本节借助贝叶斯统计相关理论，利用参数的后验分布来修正模型中的参数，从而提升预测的准确率。

### 6.1.2 偏最小二乘研制费用估算参数优化配置求解算法

假设对新的火箭型号研制费用进行预测时，新型号由于制造材料的进步，起飞质量发生变化，而其余各指标都不变。若将该型号数据代入预测模型 $C = a \times M^{b_1} \times D^{b_2} \times L^{b_3} \times F^{b_4} \times N^{b_5}$，则预测值与实际值存在较大偏差，说明与起飞质量相关的参数 $b_1$ 需要进行修正。

假设其余各参数值不变，需要进行修正的参数 $b_1$ 重新变为未知数，此时若将实际值代入预测模型，只有 $b_1$ 未知，便可以求解得到 $b_1$ 的具体值，作为一个样本 $b_{11}$。同理可得 $b_{12},b_{13},\cdots,b_{1n}$，为方便描述，用 $\boldsymbol{b}_1$ 表示参数样本向量。得到样本后，具体修正参数的步骤如下。

步骤 1：求解样本 $\boldsymbol{b}_1$ 与参数 $\theta$ 的联合概率密度函数。

假设得到了样本 $\boldsymbol{b}_1 = (b_{11},b_{12},b_{13},\cdots,b_{1n})$，该样本服从正态分布 $N(\theta,\sigma^2)$，其中 $\theta$ 未知，$\sigma^2$ 已知，可得到此样本的似然函数：

$$p(\boldsymbol{b}_1 \mid \theta) = \left(\frac{1}{\sqrt{2\pi}\sigma}\right)^n \cdot \exp\left(-\frac{1}{2\sigma^2}\sum_{i=1}^{n}(b_{1i}-\theta)^2\right) \tag{6.1}$$

现取另一个正态分布 $N(\mu,\tau^2)$ 作为正态均值 $\theta$ 的先验分布，即

$$\pi(\theta) = \frac{1}{\sqrt{2\pi}\tau} \cdot \exp\left(-\frac{(\theta-\mu)^2}{2\tau^2}\right) \tag{6.2}$$

其中，$\mu$ 与 $\tau^2$ 已知。由此可以得到样本 $\boldsymbol{b}_1$ 与参数 $\theta$ 的联合概率密度函数：

$$h(\boldsymbol{b}_1,\theta) = k_1 \cdot \exp\left(-\frac{1}{2}\left(\frac{n\theta^2 - 2n\theta\overline{b}_1 + \sum_{i=1}^{n}b_{1i}^2}{\sigma^2} + \frac{\theta^2 - 2\mu\theta + \mu^2}{\tau^2}\right)\right) \tag{6.3}$$

其中，$k_1 = \dfrac{1}{(\sqrt{2\pi})^{n+1}\cdot\tau\cdot\sigma^n}$；$\overline{b}_1 = \dfrac{\sum\limits_{i=1}^{n}b_{1i}}{n}$。若记

$$\sigma_0^2 = \frac{\sigma^2}{n}, \quad A = \frac{1}{\sigma_0^2} + \frac{1}{\tau^2}, \quad B = \frac{\overline{b}_1}{\sigma_0^2} + \frac{\mu}{\tau^2}, \quad \mathrm{PC} = \frac{1}{\sigma^2}\cdot\sum_{i=1}^{n}b_{1i}^2 + \frac{\mu^2}{\tau^2} \tag{6.4}$$

则有

$$h(\boldsymbol{b}_1,\theta) = k_1 \cdot \exp\left(-\frac{1}{2}(A\theta^2 - 2\theta B + \mathrm{PC})\right) = k_2 \cdot \exp\left(-\frac{(\theta - B/A)^2}{2/A}\right) \tag{6.5}$$

其中，$k_2 = k_1 \cdot \exp\left(-\dfrac{1}{2}(\bullet)\right)$。

步骤 2：求解样本 $\boldsymbol{b}_1$ 的边缘分布。

由所求得的联合概率密度函数，可得样本 $\boldsymbol{b}_1$ 的边缘分布：

$$m(\boldsymbol{b}_1) = \int_{-\infty}^{+\infty} h(\boldsymbol{b}_1,\theta)\mathrm{d}\theta = k_2 \cdot \sqrt{\frac{2\pi}{A}} \tag{6.6}$$

步骤 3：计算样本 $\boldsymbol{b}_1$ 的后验分布。

根据后验分布 $\pi(\theta|x)$ 的求解公式：

$$\pi(\theta \mid \boldsymbol{b}_1) = \frac{h(\boldsymbol{b}_1,\theta)}{m(\boldsymbol{b}_1)} \tag{6.7}$$

可求得后验分布：

$$\pi(\theta \,|\, \boldsymbol{b}_1) = \left( \sqrt{\frac{A}{2\pi}} \cdot \exp\left( -\frac{(\theta - B/A)^2}{2/A} \right) \right) \tag{6.8}$$

这时，正态分布 $N(\mu_1, \tau_1^2)$ 中均值 $\mu_1$ 与方差 $\tau_1^2$ 分别为

$$\mu_1 = \frac{B}{A} = \frac{\overline{b_1}\sigma_0^{-2} + \mu\tau^{-2}}{\sigma_0^{-2} + \tau^{-2}} \tag{6.9}$$

$$\tau_1^2 = A^{-1} = \frac{\sigma_0^2 \cdot \tau^2}{\sigma_0^2 + \tau^2} \tag{6.10}$$

步骤 4：取后验分布 $\pi(\theta \,|\, \boldsymbol{b}_1)$ 的均值 $\mu_1$ 作为修正后参数 $b_1$ 的具体数值，得到参数修正后的预测模型。

### 6.1.3　偏最小二乘研制费用估算参数优化配置模型与算法验证

为了验证上述方法的可行性，本节以 4.3.2 节中型号 12 的数据为例对方法进行验算。型号 12 的各项指标数据及 4.3.2 节预测的结果如表 6.1 所示。

**表 6.1　型号 12 数据**

| 型号 | 起飞质量/吨 | 级数 | 直径/米 | 长度/米 | 起飞推力/千牛 | 研制费用/万元 | 预测费用/万元 | 误差 |
|---|---|---|---|---|---|---|---|---|
| 型号 12 | 294 | 4 | 2.8 | 44 | 4 860 | 15 750 | 16 845.11 | 6.95% |

若新型号在型号 12 的基础上采用了新材料，导致部分指标数据发生变化，则将新型号数据代入 $C = 0.002\,183 \times M^{0.728\,073} \times D^{0.445\,357} \times L^{1.157\,03} \times F^{0.810\,918}$ 可得预测费用及误差，如表 6.2 所示。

**表 6.2　各新型号具体数据**

| 型号 | 起飞质量/吨 | 级数 | 直径/米 | 长度/米 | 起飞推力/千牛 | 研制费用/万元 | 预测费用/万元 | 误差（绝对值） |
|---|---|---|---|---|---|---|---|---|
| 型号 12-1 | 272 | 4 | 2.8 | 44 | 4 860 | 18 366 | 15 915.721 87 | 13.34% |
| 型号 12-2 | 267 | 4 | 2.8 | 44 | 4 860 | 19 467 | 15 702.174 13 | 19.34% |
| 型号 12-3 | 265 | 4 | 2.8 | 44 | 4 860 | 19 258 | 15 616.451 21 | 18.91% |
| 型号 12-4 | 251 | 4 | 2.8 | 44 | 4 860 | 20 063 | 15 011.362 1 | 25.18% |
| 型号 12-5 | 266 | 4 | 2.8 | 44 | 4 860 | 19 047 | 15 659.334 58 | 17.79% |

当预测模型中的 $b_1$ 保持不变时，该模型用于新型号的预测误差较大。为提高预测的精度，应对参数 $b_1$ 进行修正。若预测的误差保持在 6% 左右，此时参数 $b_1$ 的取值如表 6.3 所示。

**表 6.3　参数 $b_1$ 的取值情况**

| $b_{11}$ | $b_{12}$ | $b_{13}$ | $b_{14}$ | $b_{15}$ |
|---|---|---|---|---|
| 0.742 579 | 0.755 465 | 0.754 549 | 0.769 372 | 0.752 066 |

利用 6.1.2 节所述的方法，假设该样本 $\boldsymbol{b}_1 = (b_{11}, b_{12}, \cdots, b_{15})$ 服从正态分布 $N(\theta, 2^2)$，其中 $\theta$ 未知；现取另一个正态分布 $N(0.75, 3^2)$ 作为正态均值 $\theta$ 的先验分布。根据上文推导的后验分布的公式 $\pi(\theta \mid \boldsymbol{b}_1)$ 服从正态分布 $N(\mu_1, \tau_1^2)$，其均值 $\mu_1$ 与方差 $\tau_1^2$ 分别为

$$\mu_1 = \frac{B}{A} = \frac{\overline{b_1}\sigma_0^{-2} + \mu\tau^{-2}}{\sigma_0^{-2} + \tau^{-2}} \tag{6.11}$$

$$\tau_1^2 = A^{-1} = \frac{\sigma_0^2 \cdot \tau^2}{\sigma_0^2 + \tau^2} \tag{6.12}$$

代入具体数值便可算得 $\mu_1$、$\tau_1^2$ 的值。由表 6.3 中的数据可知该样本容量为 5，算得 $\overline{b_1} = 0.754\,806$，最终得到 $\mu_1 = 0.754\,210$。因此 $\boldsymbol{b}_1$ 的后验分布 $\pi(\theta \mid \boldsymbol{b}_1)$ 服从正态分布 $N(0.754\,210, 1.664\,101)$，此时我们便可以用后验分布的均值 $\mu_1 = 0.754\,210$ 作为修正后的系数 $b_1$，替换掉原模型中系数 $b_1$ 的取值 0.728 073，之后再对各新型号进行预测。此时的预测模型变为

$$C = 0.002\,183 \times M^{0.754\,210} \times D^{0.445\,357} \times L^{1.157\,03} \times F^{0.810\,918} \tag{6.13}$$

将各新型号的指标数据代入修正后的预测模型所得的预测结果如表 6.4 所示。

**表 6.4　参数修正后各新型号预测费用结果**

| 型号 | 实际费用/万元 | 修正后的预测费用/万元 | 误差（绝对值） | 原误差（绝对值） |
|---|---|---|---|---|
| 型号 12-1 | 18 366 | 18 427.171 11 | 0.33% | 13.34% |
| 型号 12-2 | 19 467 | 18 171.112 37 | 6.66% | 19.34% |
| 型号 12-3 | 19 258 | 18 068.359 63 | 6.18% | 18.91% |
| 型号 12-4 | 20 063 | 17 343.644 9 | 13.55% | 25.18% |
| 型号 12-5 | 19 047 | 18 119.759 74 | 4.87% | 17.79% |

由表 6.4 可知，对参数 $b_1$ 进行修正后，预测的平均误差由原来的 18.91% 减小到 6.32%，预测精度显著提升，验证了该方法的可行性。

## 6.2 COCOMO II 研制费用估算参数优化配置模型

COCOMO II 可对可重复使用运载火箭的控制系统、飞行测量及安全系统的软件成本进行有效估算，通过软件规模 Size、比例因子指数 $E$ 以及工作量乘数 $M$，计算得到工作量 PM，折算为开发周期后可按照软件开发时的开发人数和单位成本计算得到预计的开发成本。计算过程中，由于部分指标如工作量乘数的成本驱动因子指标、比例因子指标等是依靠专家评价法得到的，存在一定的主观性影响。同时，由于各专家的打分权重都为事先固定，导致某一专家在对一项不熟悉的指标进行评判时会造成权重过高的情况，因此可能会使得模型估算的数值与精算所得的值之间存在一定的偏差。为了尽可能降低估计值与计算值的偏差，需要对估算模型进行调整。

### 6.2.1 基于贝叶斯的专家权重修正法

#### 1. 专家权重贝叶斯修正法

贝叶斯决策即在不完全信息下，对部分未知的状态用主观概率估计，然后运用贝叶斯公式对发生概率进行修正，最后利用期望值和修正概率做出最优决策。在 COCOMO II 的费用估算过程中，对于专家权重的修正可通过贝叶斯决策的方法加以解决，即先根据历史经验及专家资质，在信息不完全情况下主观确定各个专家的先验权重，根据贝叶斯公式对先验权重进行修正，得到后验权重，以此保证专家打分的可靠性及准确性。

设 $n$ 个专家 $a_1, a_2, \cdots, a_n$ 对 $m$ 个指标 $b_1, b_2, \cdots, b_m$ 进行评判打分，专家 $a_1$ 所对应的每一项指标的特征向量为 $l_i(P(b_1/a_i), P(b_2/a_i), \cdots, P(b_m/a_i))\sqrt{b^2-4ac}$，其中，$P(b_m/a_i)$ 为将专家打分进行归一化处理后，专家 $a_i$ 对指标 $b_m$ 的优劣程度量化评价，且满足条件 $P(b_j/a_i) > 0$（$j=1,2,\cdots,m$）及 $\sum_{j=1}^{m} P(b_j/a_i) = 1$。假设每位专家打分的先验权重概率为 $P(a_i)$，那么可通过贝叶斯公式：

$$P(b_j) = \sum_{i=1}^{n} P(a_i)P(b_j/a_i) \tag{6.14}$$

$$P(a_i/b_j) = \frac{P(a_i)P(b_j/a_i)}{P(b_j)}, \quad i=1,2,\cdots,n, \ j=1,2,\cdots,m \tag{6.15}$$

计算得到每位专家打分修正后的后验权重概率 $P(a_i/b_j)$，其表示经过修正后每一位专家对于每一项指标的打分权重。

## 2. 实例分析

在运用 COCOMO II 对某型号可重复使用运载火箭的软件费用进行估算时，其规模经济性指标 $E$ 由先例性、开发灵活性、体系结构/风险化解、团队凝聚力、过程成熟度五项比例因子决定，五项比例因子的得分由五位专家 $(a_1,a_2,\cdots,a_5)$ 进行评定，已知给定的五位专家先验权重分别为 $P(a_1)=0.2$、$P(a_2)=0.3$、$P(a_3)=0.1$、$P(a_4)=0.15$、$P(a_5)=0.25$，各专家对五项比例因子的打分如表 6.5 所示。

表 6.5　专家打分表

| 比例因子 | $a_1$ | $a_2$ | $a_3$ | $a_4$ | $a_5$ |
|---|---|---|---|---|---|
| 先例性 | 3.58 | 3.92 | 3.69 | 3.74 | 3.59 |
| 开发灵活性 | 5.07 | 5.32 | 4.51 | 4.83 | 5.14 |
| 体系结构/风险化解 | 1.32 | 1.15 | 2.08 | 1.40 | 1.92 |
| 团队凝聚力 | 2.21 | 2.10 | 2.84 | 2.19 | 2.53 |
| 过程成熟度 | 5.02 | 4.52 | 4.85 | 5.62 | 4.96 |

将各项得分进行归一化处理，得到每位专家对五项因子的优劣评判情况，如表 6.6 所示。

表 6.6　专家打分归一化处理数据表

| 比例因子 | $a_1$ | $a_2$ | $a_3$ | $a_4$ | $a_5$ |
|---|---|---|---|---|---|
| 先例性 | 0.2030 | 0.2277 | 0.1848 | 0.2053 | 0.1835 |
| 开发灵活性 | 0.2141 | 0.2301 | 0.1682 | 0.1974 | 0.1957 |
| 体系结构/风险化解 | 0.1762 | 0.1572 | 0.2451 | 0.1809 | 0.2310 |
| 团队凝聚力 | 0.1955 | 0.1903 | 0.2219 | 0.1876 | 0.2018 |
| 过程成熟度 | 0.2112 | 0.1947 | 0.1801 | 0.2288 | 0.1881 |

通过贝叶斯公式计算得 $P(b_1)=0.2041$、$P(b_2)=0.2072$、$P(b_3)=0.1918$、$P(b_4)=0.1970$、$P(b_5)=0.2000$。由此得到后验权重概率，如表 6.7 所示。

表 6.7　专家后验权重概率表

| 专家 | 先例性 | 开发灵活性 | 体系结构/风险化解 | 团队凝聚力 | 过程成熟度 |
|---|---|---|---|---|---|
| $a_1$ | 0.1990 | 0.2067 | 0.1837 | 0.1985 | 0.2112 |
| $a_2$ | 0.3348 | 0.3331 | 0.2459 | 0.2898 | 0.2920 |

续表

| 专家 | 先例性 | 开发灵活性 | 体系结构/风险化解 | 团队凝聚力 | 过程成熟度 |
|---|---|---|---|---|---|
| $a_3$ | 0.0906 | 0.0812 | 0.1278 | 0.1127 | 0.0900 |
| $a_4$ | 0.1509 | 0.1429 | 0.1415 | 0.1429 | 0.1716 |
| $a_5$ | 0.2248 | 0.2361 | 0.3011 | 0.2561 | 0.2351 |

## 6.2.2　基于灰色关联的专家权重修正法

在上文中通过贝叶斯方法对主观赋予的专家权重进行了修正，得到了具有一定客观依据的专家权重，为进一步提高专家权重的准确性，综合考虑各专家赋权的主客观因素，本节依据已得出的较为客观的专家权重，借助专家个体决策与群决策的灰色关联度，对专家权重进行进一步修正。由于决定专家权重的各项潜在指标如资历、学术水平、工作经验、研究方向等存在着信息不完全、不确定的问题（具体见附录 A），适合用灰色系统进行处理，若专家个体决策与群决策的灰色关联度较大，则说明该专家在评分时所占的权重就较大。

**定义 6.1**：设 $X_i = \{x_i(j) \mid i = 1, 2, \cdots, n; j = 1, 2, \cdots, m\}$ 为系统行为序列，$X_0 = (x_0(1), x_0(2), \cdots, x_0(m))$ 为参考序列，则 $\gamma(x_i(j), x_0(j)) = \dfrac{\Delta_{\min} + \xi \Delta_{\max}}{\Delta_i(j) + \xi \Delta_{\max}}$ 为序列 $X_i$ 与 $X_0$ 的灰色关联系数，其中 $\xi \in (0, 1)$，$\Delta_{\min} = \min_i \min_j |x_i(j) - x_0(j)|$，$\Delta_{\max} = \max_i \max_j |x_i(j) - x_0(j)|$。

并且，称 $\gamma_{i0} = \gamma(x_i, x_0) = \dfrac{1}{m} \sum_{j=1}^{m} \gamma(x_i(j), x_0(j))$ 为序列 $X_i$ 与 $X_0$ 的灰色关联度。

### 1. 专家权重修正步骤

步骤 1：确定参考序列与比较序列。设 $w_{ij}$ 为贝叶斯修正后第 $i$ 个专家对 $j$ 个指标的权重，$a_{ij}$ 为第 $i$ 个专家对 $j$ 个指标的评分值，将各专家对指标的加权得分数作为参考序列 $c'$，各专家自身对指标的打分值作为比较序列 $c_i$。

步骤 2：计算灰色关联系数 $\gamma_{ij}$ 及灰色关联度 $\gamma_i$。其中，

$$\gamma_i = \frac{1}{n} \sum_{j=1}^{n} \gamma_{ij} \qquad (6.16)$$

步骤 3：修正专家权重。

$$w'_{ij} = \frac{w_{ij} \gamma_i}{\sum_{i=1}^{m} w_{ij} \gamma_i} \qquad (6.17)$$

设定阈值 $R$，计算修正后的专家权重 $w'_{ij}$ 所得的新群决策结果 $c''$，计算原始群决策结果和新群决策结果间的 Minkowski（闵可夫斯基）距离：

$$\delta = \sqrt{(c'' - c')^2} \tag{6.18}$$

若 $\delta < R$，则说明群决策结果偏差较小，决策结果趋于一致，$w'_{ij}$ 为最终专家权重；若 $\delta > R$，则令 $w_{ij} = w'_{ij}$，$c' = c''$，按照以上步骤继续进行修正。

2. 实例分析

由表 6.5 和表 6.7 可知，专家对于五项指标评定的参考序列和比较序列分别为

$$c' = (3.73, 5.09, 1.57, 2.33, 4.95)$$
$$c_1 = (3.58, 5.07, 1.32, 2.21, 5.02)$$
$$c_2 = (3.92, 5.32, 1.15, 2.10, 4.52)$$
$$c_3 = (3.69, 4.51, 2.08, 2.84, 4.85)$$
$$c_4 = (3.74, 4.83, 1.40, 2.19, 5.62)$$
$$c_5 = (3.59, 5.14, 1.92, 2.53, 4.96)$$

通过灰色关联分析得到五位专家的比较序列与参考序列的灰色关联系数，如表 6.8 所示。

表 6.8　专家各因子灰色关联系数

| 比例因子 | $a_1$ | $a_2$ | $a_3$ | $a_4$ | $a_5$ |
|---|---|---|---|---|---|
| 先例性 | 0.5273 | 1.0000 | 1.0000 | 1.0000 | 0.5873 |
| 开发灵活性 | 1.0000 | 0.9101 | 0.3793 | 0.5798 | 0.8222 |
| 体系结构/风险化解 | 0.3867 | 0.6378 | 0.4125 | 0.6832 | 0.3524 |
| 团队凝聚力 | 0.5918 | 0.9101 | 0.4125 | 0.7263 | 0.4933 |
| 过程成熟度 | 0.7436 | 0.6279 | 0.8462 | 0.3433 | 1.0000 |

由此，可得灰色关联度分别为 $\gamma_1 = 0.6499$、$\gamma_2 = 0.8172$、$\gamma_3 = 0.6101$、$\gamma_4 = 0.6665$、$\gamma_5 = 0.6510$。根据专家权重修正公式，可得新专家决策权重 $w'_{ij}$，如表 6.9 所示。

表 6.9　专家权重修正值

| 专家 | 先例性 | 开发灵活性 | 体系结构/风险化解 | 团队凝聚力 | 过程成熟度 |
|---|---|---|---|---|---|
| $a_1$ | 0.1845 | 0.2540 | 0.1785 | 0.1977 | 0.1853 |
| $a_2$ | 0.1943 | 0.2563 | 0.1622 | 0.1898 | 0.1973 |

| 专家 | 先例性 | 开发灵活性 | 体系结构/风险化解 | 团队凝聚力 | 过程成熟度 |
|------|--------|-----------|------------------|-----------|-----------|
| $a_3$ | 0.1634 | 0.1790 | 0.2417 | 0.1777 | 0.2381 |
| $a_4$ | 0.1797 | 0.2147 | 0.2168 | 0.1826 | 0.2061 |
| $a_5$ | 0.1932 | 0.2187 | 0.1752 | 0.2218 | 0.1912 |

通过表 6.9 中的专家权重修正值重新计算新群决策结果和 Minkowski 距离为 $c'' = (3.72, 5.01, 1.63, 2.39, 5.00)$、$\delta = 0.1273$。若假定 $R = 0.5$，则迭代结束，专家权重如表 6.9 所示。

## 6.2.3　COCOMO Ⅱ 参数修正实例

在第 5 章中，采用 COCOMO Ⅱ 模型得到的可重复使用运载火箭控制系统、飞行测量及安全系统软件开发成本为 715.710 06 万美元，但之后根据实测，该型号火箭的控制系统、飞行测量及安全系统软件开发成本达到了 945.6238 万美元，计算偏差（绝对值）约为 24.31%，故首先尝试通过以上方法对参数 $E$ 进行修正，检验其修正后的费用偏差大小。

依照表 6.5 中的专家打分结果，由专家权重修正法得到了经过修正后的比例因子（SF）的取值，并由此可得新的模型指数 $E$，如表 6.10 所示。

表 6.10　修正后规模经济性计算

| 比例因子 | 取值（由专家依据 COCOMO Ⅱ 定标因素表评定） |
|---------|------------------------------------------|
| 先例性 | 3.72 |
| 开发灵活性 | 5.01 |
| 体系结构/风险化解 | 1.63 |
| 团队凝聚力 | 2.39 |
| 过程成熟度 | 5.00 |
| $E = 0.91 + 0.01 \sum\limits_{j=1}^{5} \mathrm{SF}_j$ | 1.0875 |

在其他因子权重未经过专家权重修正下，得工作量 PM 为

$$\mathrm{PM} = A \times \mathrm{Size}^E \times M = 0.95 \times 1226^{1.0875} \times 0.8876 = 1926.0798 \qquad (6.19)$$

开发周期 TDEV 为

$$
\begin{aligned}
\text{TDEV} &= \left[ C \times (\text{PM})^{(D+0.2 \times (E-B))} \right] \times \frac{\text{SCED}}{100} \times 100\% \\
&= \left[ 3.67 \times (1926.0798)^{(0.28+0.2 \times (1.0875-0.91))} \right] \times \frac{1}{100} \times 100\% = 40 \quad (6.20)
\end{aligned}
$$

根据开发人员数 10、单位成本市值折算 10 美元进行计算，软件开发成本为

$$
C_s = \text{PM} \times \text{TDEV} \times N \times C_0 = 1926.0798 \times 40 \times 10 \times 10 = 7\,704\,319.2 \quad (6.21)
$$

费用估算偏差（绝对值）降低至 18.53%。按照上述步骤对工作量乘数 $M$ 进行修正（具体计算过程详见附录 B），得到修正后的工作量乘数计算表，如表 6.11 所示。

表 6.11　修正后的工作量乘数计算表

| 名称 | 乘数值 | 名称 | 乘数值 |
|---|---|---|---|
| 数据库规模 | 1.1835 | 要求的软件可靠度 | 1.5219 |
| 产品复杂性 | 1.3375 | 执行时间约束 | 1.6295 |
| 匹配 LCC 文档编制 | 0.9623 | 可复用开发 | 0.8532 |
| 语言和工具经验 | 0.8394 | 主存储约束 | 1.0073 |
| 分析员能力 | 0.7588 | 平台易变性 | 0.7867 |
| 应用经验 | 0.8983 | 程序员能力 | 0.7099 |
| 要求的开发进度 | 1.0142 | 人员连续性 | 1.0124 |
| 平台经验 | 1.1639 | 软件工具的使用 | 0.8847 |
| 多点开发 | 0.8887 | 工作量乘数 $M$ | 0.9750 |

由此得工作量 PM 为

$$
\text{PM} = A \times \text{Size}^E \times M = 0.95 \times 1226^{1.0875} \times 0.9750 = 2115.7366 \quad (6.22)
$$

开发周期 TDEV 为

$$
\begin{aligned}
\text{TDEV} &= \left[ C \times (\text{PM})^{(D+0.2 \times (E-B))} \right] \times \frac{\text{SCED}}{100} \times 100\% \\
&= \left[ 3.67 \times (2115.7366)^{(0.28+0.2 \times (1.0875-0.91))} \right] \times \frac{1}{100} \times 100\% = 42 \quad (6.23)
\end{aligned}
$$

根据开发人员数 10、单位成本市值折算 10 美元进行计算，软件开发成本为

$$
C_s = \text{PM} \times \text{TDEV} \times N \times C_0 = 2115.7366 \times 42 \times 10 \times 10 = 8\,886\,093.72 \quad (6.24)
$$

由此，该型号可重复使用运载火箭控制系统、飞行测量及安全系统软件开发成本为 888.609 372 万美元。通过比较可知，仅对模型中的两个参数进行专家权重修正后，费用估算偏差（绝对值）由原来的 24.31% 降低到了 6.03%，因此该修正方法是较为有效的。

# 6.3 本 章 小 结

本章是在上述章节得到的可重复使用运载火箭研制费用粗估模型的基础上，借助贝叶斯统计相关理论，利用参数的后验分布来修正模型中的参数，从而提升预测的准确率。其中采用了偏最小二乘法构建参数配置模型，并采用型号数据对模型进行求解验证。随后，构建了基于 COCOMO II 的可重复使用运载火箭研制费用精估模型。在对可重复使用运载火箭的研制全过程进行分析的基础上，采用贝叶斯、灰色关联等专家权重修正法对参数进行修正，得到专家后验权重概率表。本章进行了可重复使用运载火箭研制费用的粗算和精算，为贫信息背景下的可重复使用运载火箭研制方案提供了指导。

6.1 节是在已知研制费用的基础上，对第 4 章中的可重复使用运载火箭研制费用概估模型的参数进行回溯，并采用偏最小二乘法进行修正，实现概估模型随科技技术进步的递增和递归，形成螺旋式上升。6.2 节是针对第 5 章中的 COCOMO II 模型相关影响因素、专家评价的不确定性，采用灰色关联度对影响因子的权重进行回溯修正，从而降低可重复使用运载火箭软件开发成本费用估算（精估）模型的误差，实现可重复使用运载火箭费用精估模型的递增和递归。因此，本章与第 4 章、第 5 章形成了典型的"递增—回溯—递归"模式。

# 第7章 基于成本约束的可重复使用运载火箭最优利用次数模型

## 7.1 可重复使用运载火箭最优利用次数影响因素分析

近年来，可重复使用技术受到广泛关注并在航天领域得到进一步发展，运载火箭的重复使用实现了航天成本的数量级下降。当重复使用次数达到一定数值时便可达成规模效应，从而有效均摊初期高昂的研制费用与制造费用。但是，火箭复用的次数并不是越多越好，在使用次数超过某一上限时，可能会导致可重复使用运载火箭后期的维护维修费、回收费等费用之和高于一次性发射的费用。因此，加强对运载火箭的可重复利用次数优化的研究显得十分必要。

以 SpaceX 为首的诸多航天科技公司在可重复使用技术上取得了令人瞩目的成就。2015 年 12 月 21 日，"猎鹰 9 号"将 11 颗卫星送入近地轨道，并将火箭一级助推器垂直降落在陆地着陆区，这也是全球首次轨道级发射任务的垂直发射垂直返回模式的助推器回收。2018 年 2 月 6 日，SpaceX 进行猎鹰重型火箭的第一次试验飞行，最终猎鹰重型火箭的 3 个一级助推器中的 2 个同时成功着陆卡纳维拉尔角太空军基地 LZ-1 和 LZ-2 着陆区，但是芯一级未回收成功。2021 年 12 月 21 日，"猎鹰 9 号"一级火箭垂直降落在一个仅有足球场大小的海上平台，这也是 SpaceX 历史性实现第 100 次回收火箭。六年时间达成 100 次回收，这一次数超过了世界上现役绝大多数单次使用火箭的发射次数，且平均每 22 天成功回收一次火箭，这比全球现役绝大多数火箭发射节奏都要快得多。此外，"猎鹰 9 号"运载火箭的同一枚一子级 B1051 历史性创下一箭十一飞十一回收，刷新一级火箭复用回收新纪录（一箭十一飞发射价格构成如表 7.1 所示）。

表 7.1　一箭十一飞发射价格构成　　　　　　单位：万美元

| 发射次数 | 一级火箭制造成本 | 二级火箭制造成本 | 整流罩制造成本 | 一级火箭翻新成本 | 燃料费及其他费用 | 发射成本 | 商业发射收入 |
|---|---|---|---|---|---|---|---|
| 1 | 3 000 | 1 000 | 550 | 0 | 500 | 5 050 | 6 200 |
| 2 |  | 1 000 | 0 | 25 | 500 | 1 525 | 5 000 |
| 3 |  | 1 000 | 550 | 25 | 500 | 2 075 | 5 000 |

续表

| 发射次数 | 一级火箭制造成本 | 二级火箭制造成本 | 整流罩制造成本 | 一级火箭翻新成本 | 燃料费及其他费用 | 发射成本 | 商业发射收入 |
|---|---|---|---|---|---|---|---|
| 4 | | 1 000 | 0 | 25 | 500 | 1 525 | 5 000 |
| 5 | | 1 000 | 550 | 25 | 500 | 2 075 | |
| 6 | | 1 000 | 0 | 25 | 500 | 1 525 | |
| 7 | | 1 000 | 550 | 25 | 500 | 2 075 | |
| 8 | | 1 000 | 0 | 25 | 500 | 1 525 | |
| 9 | | 1 000 | 550 | 25 | 500 | 2 075 | |
| 10 | | 1 000 | 0 | 25 | 500 | 1 525 | |
| 11 | | 1 000 | 550 | 25 | 500 | 2 075 | |
| 总计 | 3 000 | 11 000 | 3 300 | 250 | 5 500 | 23 050 | 21 200 |

资料来源：elonx 官网，wikipedia 官网

随着重复使用火箭的次数不断增加，自 2017 年 SpaceX 首次复用火箭开始至 2021 年底，其至少省下二三十亿美元的发射成本，并且创下全球每千克承载发射单价最低的纪录（SpaceX 约为 1410 美元/千克，其他发射商最低 5000 美元/千克）；此外，凭借着复用火箭次数增加带来的发射间隔时间缩短的优势，2020、2021 年，SpaceX 创造了年发射载荷数量最多、载荷质量占全球一半的纪录，并且于 2020 年成为最大卫星运营商，拥有全球最大卫星群，其还计划部署 4.2 万颗卫星的星链星座，打造史无前例的巨型星座。

由此可见，可重复使用运载火箭复用次数的增加带来的经济方面的效益十分显著，为方便下文构建可重复使用运载火箭最优利用次数的模型，需对影响重复利用次数的相关因素进行分析，包括相关技术成熟度、各项服务成本以及回收方式等。

首先，重复利用相关技术成熟度对火箭重复利用次数的影响十分重要，因为只有此方面的技术足够成熟，才能确保火箭复用的成功实现。此方面技术最核心的便是返回方式，当前各国采用的返回方式可分成三类，分别是水平发射水平返回、垂直发射水平返回、垂直发射垂直返回。水平发射水平返回及垂直发射水平返回技术主要用于航天飞机，美国对于航天飞机的使用已经有较长一段时间，但是其未能实现经济性，1981～2011 年，美国的 5 艘航天飞机共执行了 135 次飞行任务，可重复性毋庸置疑。但是，平均每次发射的费用反而更高，达到了 15 亿美元左右，对于一般的"火箭+飞船"，其发射成本预计为 1 亿美元。因此，当前关于返回方式这项技术的研究更多集中在垂直发射垂直返回，已经取得多次成功的"猎鹰 9 号"便是采用的此项技术；重复利用相关技术另一个重要的方面便是总体设计中实现故障诊断、动力冗余、容错重构的能力，因为在重复使用寿命末期，关

键产品发生故障的概率提升，为了提升飞行可靠性与安全性，对于此方面能力的要求也更高；其他的一些相关技术，如由于重复使用过程增加了回收段的飞行剖面，需要考虑热环境、噪声振动等力学环境导致载荷、环境安全系数调整的问题；在设计准则方面，一次性运载火箭设计准则为强度设计、刚度校核，而目前可重复使用运载火箭设计准则为刚度设计、强度校核，两种理念下设计出的结构效率差异巨大，因此需要总体进行评估以确定选用何种准则。

其次，对于可重复使用运载火箭研制过程中的各项服务成本，如研制费、制造费、发射场地费、试验费、回收费、维护维修费以及其他相关费用等。各项服务成本中可重复使用运载火箭与一次性运载火箭区别较大的包括研制费、制造费、回收费、维护维修费等，具体如图 7.1 所示。造成二者成本不同的原因除了技术、软件上要求不同外，还包括硬件的差别，可重复使用运载火箭的硬件设备可以大致分为

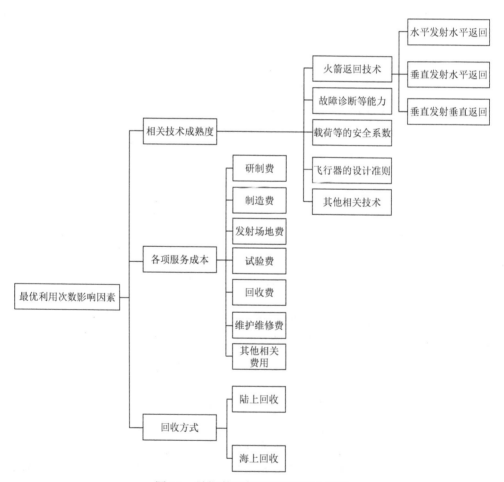

图 7.1　最优利用次数影响因素示意图

三类：第一类是必须更换的产品，如火工品、支腿缓冲件等；第二类是必须进行返修、下箭处理的产品，如箭体热防护、烧蚀的涂层材料、着陆支腿，栅格舵等；第三类是可以重复使用的产品，当前能够成功回收重复利用的火箭部件包括整流罩、一级氧化剂箱、箱间段、一级燃烧剂箱、一级发动机等。为实现可重复使用运载火箭的经济性，要保证随着复用次数的增加，平均每次发射成本应是逐渐降低的。

最后，对于可重复使用运载火箭的回收方式，当前已有的包括陆上回收与海上回收。陆上回收和海上回收的回收过程不同，从而导致二者回收的成功率有所不同。当执行海上回收程序时，只需要一级火箭小角度姿态调整，顺着发射方向不断下行，直至再入反推、着陆反推、最终软着陆。执行陆上回收的程序较为复杂，首先是一二级火箭分离操作，一级火箭利用喷气控制系统调整姿态，向后翻转，点燃 9 台梅林发动机中的一台进行返航推进，随后一级火箭顶部的四个栅栏翼展开，实施调整姿态；其次，到再入大气层阶段，第二次点燃三台发动机进行再入反推；最后，到了接近地面着陆区阶段时，第三次点燃一台发动机进行着陆反推，并且展开着陆腿，利用略低于火箭重量的反推力实现喷气软着陆。由上述分析可知，陆上回收的过程更烦琐且难度相对更大，并且也需要更多的推进剂，但是其也有着自身的优势，即可以实现快速回收、缩短复用间隔并且不需要派遣海上回收船队，从而避免了海航成本与风险。因此，两种回收方式的选择需要根据实际需要进行确定。可重复使用运载火箭最优利用次数影响因素示意图如图 7.1 所示。

## 7.2　可重复使用运载火箭最优利用次数模型构建

### 7.2.1　可重复使用运载火箭最优利用次数目标函数构建

由于在进行可重复使用运载火箭的研制时，首先应解决技术上的问题，因此为了方便模型的构建，将相关技术成熟度这一影响最优利用次数的因素计入研制费中；此外，回收时是采用陆上回收还是采用海上回收主要取决于运载火箭发射的地点与相关人员的决策，主观性较强，在模型构建过程中暂时忽略。综上所述，以各项服务成本为依据，通过构建可重复使用运载火箭最优利用次数模型，在利用次数达到最优时，获得的经济效益应达到最大。

假设某型号运载火箭分为可重复使用与不可重复使用两种。用 $x_i$（$i = 1, 2, \cdots, 7$）分别表示上述提到的服务成本费用构成；另设每一项费用下可细分为 $j$ 个小项，用 $x_{ij}$ 表示第 $i$ 个成本组成费用中第 $j$ 项成本，即满足 $x_i = \sum_{j=1}^{m_i} x_{ij}$。各项费用具体对应的参数如表 7.2 所示。

表 7.2　可重复使用运载火箭各项费用所对应的具体参数

| 一级指标 | 二级指标 | 参数 |
|---|---|---|
| 研制费 | | $x_1$ |
| 制造费 | 整流罩制造费 | $x_{21}$ |
| | 一级氧化剂箱制造费 | $x_{22}$ |
| | 箱间段制造费 | $x_{23}$ |
| | 一级燃烧剂箱制造费 | $x_{24}$ |
| | 一级发动机制造费 | $x_{25}$ |
| | 二级火箭制造费 | $x_{26}$ |
| 发射场地费 | 单枚单次推进剂费用 | $x_{31}$ |
| | 单枚单次发射前操作费 | $x_{32}$ |
| | 单枚发射 $n$ 次的平均发射场管理费 | $x_{33}$ |
| | 单枚发射 $n$ 次的平均地面技术支持费用 | $x_{34}$ |
| 试验费 | 结构强度、刚度试验费 | $x_{41}$ |
| | 元器件寿命、可靠性试验费 | $x_{42}$ |
| | 模态试验费 | $x_{43}$ |
| 回收费 | 单枚单次整流罩回收费 | $x_{51}$ |
| | 单枚单次整流罩运输费 | $x_{52}$ |
| | 单枚单次整流罩检验检查费 | $x_{53}$ |
| | 单枚单次一级氧化剂箱回收费 | $x_{54}$ |
| | 单枚单次一级氧化剂箱运输费 | $x_{55}$ |
| 维护维修费 | 单枚单次二级火箭更换费 | $x_{61}$ |
| | 单枚单次其他零部件更换费 | $x_{62}$ |
| | 单枚单次整流罩维护费 | $x_{63}$ |
| | 单枚单次整流罩维修费 | $x_{64}$ |
| | 单枚单次一级氧化剂箱维护费 | $x_{65}$ |
| 其他相关费用 | | $x_7$ |

对于不可重复使用运载火箭的成本来说，其主要来源为研制费、制造费、发射场地费、试验费以及其他相关费用，分别用 $y_i$（$i=1,2,\cdots,5$）表示。另设每一项

费用下可细分为 $j$ 个小项，用 $y_{ij}$ 表示第 $i$ 个成本组成费用中第 $j$ 项成本，即满足 $y_i = \sum_{j=1}^{m_2} y_{ij}$。

根据上述描述，目标函数以效益 $W$ 为因变量，以发射次数 $n$ 为自变量。效益 $W$ 应等于发射 $n$ 枚不可重复使用运载火箭的费用与可重复使用运载火箭发射 $n$ 次所需要的费用之差，当效益 $W$ 达到最大时，即效益达到最优时，发射次数便是该型号可重复使用运载火箭的最优发射次数。发射 $n$ 枚不可重复使用运载火箭的费用为 $y_1 + n \cdot \sum_{i=2}^{4} y_i + y_5$；至于可重复使用运载火箭发射 $n$ 次的费用，由于整流罩、一级氧化剂箱、箱间段、一级燃烧剂箱、一级发动机都属于可回收部分，因此这些部件只需制造一次，接下来重复利用的费用算在回收费、维护维修费中，而二级火箭当前还无法回收，发射 $n$ 次时需要制造 $n$ 枚二级火箭，因此所需的总费用为

$$x_1 + n \cdot \left( x_{26} + \sum_{i=3}^{4} x_i \right) + \sum_{j=1}^{5} x_{2j} + x_5 + (n-1)(x_6 + x_7)$$

目标函数为

$$
\begin{aligned}
W = {} & y_1 + n \cdot \sum_{i=2}^{4} y_i + y_5 \\
& - \left[ x_1 + n \cdot \left( x_{26} + \sum_{i=3}^{4} x_i \right) + \sum_{j=1}^{5} x_{2j} + x_5 + (n-1)(x_6 + x_7) \right]
\end{aligned}
\tag{7.1}
$$

### 7.2.2　可重复使用运载火箭最优利用次数约束条件构建

本节对目标函数的约束条件进行分析，以确定各个费用参数分别对应的函数表达式。对于一级费用参数指标而言，应满足完备性，即

$$x_i = \sum_{j=1}^{m_1} x_{ij} \tag{7.2}$$

$$y_i = \sum_{j=1}^{m_2} y_{ij} \tag{7.3}$$

对于不可重复使用运载火箭来说，其研制费 $y_1$ 可以通过文献[74]、文献[81]、文献[91]中提出的 Transcost 模型即研制费与运载能力的幂函数关系模型计算，具体如下：

$$y_i = 64\ 239 \cdot Y^{0.8381} \tag{7.4}$$

其中，$Y$ 为不可重复使用运载火箭的运载能力。

对于可重复使用运载火箭，由于复用技术的使用，研制费相应会有所增加。

因此，为在模型中体现技术提升对研制费的影响，具体如图 7.2 所示，本节引入修正系数 $k_1$（$k_1 > 1$），此外，可重复使用运载火箭子级分离后，需要一定的推进剂以完成相应的回收工作，从而导致贮箱中留存了一定的推进剂，使得火箭的运载能力被挤用。例如，当可重复使用运载火箭的回收子级预计通过垂直返回原场的方式回收，则贮箱留存的推进剂导致运载能力损失的幅度超 40%，而对于回收子级不返回原场的回收方式，运载能力的损失也超过 20%。并且，对于可回收子级来说，必要的控制系统、制导系统、贮箱推进剂管理系统和着陆支撑机构等部件还需要进行加装，这也将进一步对可重复使用运载火箭的运载能力产生影响。假定可重复使用运载火箭损失的运载能力为 30%，此时可重复使用运载火箭研制费 $x_1$ 可表示为

$$x_1 = k_1 \cdot 64\,239 \cdot (0.7Y)^{0.8381} \tag{7.5}$$

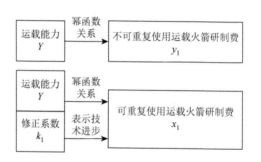

图 7.2　各参数之间的影响关系

此外，参考文献[91]中在研制费部分引入的可重复使用运载火箭硬件状态、技术水平、基础能力修正系数的范围 $f_1 \in [1.2, 1.5]$、$f_2 \in [1.0, 1.5]$、$f_3 \in [1.25, 1.5]$，并且 $k_1 = f_1 f_2 f_3$，可得 $k_1$ 的取值范围为 $[1.5, 3.375]$。

对于制造费 $x_2$ 而言，由于整流罩相较于其余可复用部件的制造难度较低，制造费随着复用次数的增加并不会呈指数形式递增，因此假设 $x_{21}$ 与次数 $n$ 之间呈线性关系，若不可重复使用运载火箭整流罩的制造成本为 $C_1$，修正系数为 $k_2$ [后续 $k_i$（$i = 3, 4, \cdots$）均表示修正系数]，则令

$$x_{21} = k_2 \cdot C_1 \cdot n,\ 0 < k_2 < 1 \tag{7.6}$$

一级氧化剂箱、箱间段、一级燃烧剂箱、一级发动机各自的制造费为 $x_{22} \sim x_{25}$，假设其与次数 $n$ 之间呈指数级增长关系，即

$$x_{22} = k_3 \cdot e^{n \cdot k_4},\ x_{23} = k_5 \cdot e^{n \cdot k_6},\ \cdots,\ x_{25} = k_9 \cdot e^{n \cdot k_{10}} \tag{7.7}$$

可重复使用运载火箭单枚发射 $n$ 次的平均发射场管理费以及地面技术支持费用表示为

$$x_{3i} = \frac{\sum\limits_{k=1}^{n \cdot n_1} N_k}{n_1}, \quad i \geqslant 3 \tag{7.8}$$

其中，$n_1$ 为制造的该型号可重复使用运载火箭的枚数；$N_k$ 为在第 $k$ 次发射时需要的发射场管理费以及地面技术支持费用。不可重复使用运载火箭部分的费用表示为

$$y_{3i} = \frac{\sum\limits_{k=1}^{n \cdot n_1} N_k}{n \cdot n_1}, \quad i \geqslant 3 \tag{7.9}$$

分母发生变动是因为当制造了 $n_1$ 枚可重复使用运载火箭并且每枚火箭发射 $n$ 次时，总的发射次数为 $n \cdot n_1$ 次，对于不可重复使用运载火箭来说便需 $n \cdot n_1$ 枚来完成。

对于试验费 $x_4$，由于可重复使用运载火箭在技术及结构上都变得更为复杂，相较于不可重复使用运载火箭需要进行测试的项目也更多，因此 $x_4$ 应高于不可重复使用运载火箭试验费 $y_4$，表示为

$$x_4 = k_{11} \cdot y_4, \quad k_{11} > 1 \tag{7.10}$$

同理，可重复使用运载火箭的回收费表示为

$$x_5 = k_{12} \cdot y_5, \quad k_{12} > 1 \tag{7.11}$$

关于回收费中的各个构成部分，由于整流罩的落点具有随机性，假设落点离发射点的距离服从正态分布，当我们以概率为纵坐标，以距离为横坐标时，对称轴为发射点的位置，此时对称轴对应的概率应最小，对应的函数图像应为一个旋转了 180 度的标准正态分布图像，因此可令

$$x_{52} = \frac{\sqrt{2\pi} \cdot C_2}{\exp(-s_i^2 / 2)} \tag{7.12}$$

其中，$s_i$ 为第 $i$ 次发射后整流罩的落点离发射点的距离；$C_2$ 为常数。

随着重复次数越来越多，各部件的损坏程度也逐渐加大，整流罩的检验检查费 $x_{53}$ 也应该逐渐增加，但检验检查费增加的趋势比较平缓，因此用对数函数来描述检验检查费：

$$x_{53} = C_3 \cdot \ln(n) \tag{7.13}$$

维护维修费 $x_6$ 中的单枚单次整流罩维修费应与整流罩制造费 $x_{21}$、火箭的研制费 $x_1$ 呈正相关关系，其中与整流罩制造费 $x_{21}$ 呈线性关系，与火箭的研制费 $x_1$ 呈指数关系。整流罩制造费与火箭的研制费越高，说明其结构与材料越复杂，相对应地，对于出现损坏的情况，进行维修的难度也越大，维修费也越高，因此可假设

$$x_{64} = k_{13} \cdot x_{21} + k_{10} \mathrm{e}^{i \cdot k_{14} \cdot x_1} \tag{7.14}$$

同理，单枚单次一级氧化剂箱维护费为

$$x_{65} = k_{15} \cdot x_{22} + k_{13} e^{i \cdot k_{16} \cdot x_1} \tag{7.15}$$

最后，还需要将各部分的费用全部换算为同一年的价格，本章参考国家统计局公布的每年的 CPI，对费用数据进行换算：

$$x'_{ij} = \sum_{Y=0}^{\infty} \frac{x_{ij}}{(1+p)^Y} \tag{7.16}$$

$$x'_i = \sum_{Y=0}^{\infty} \frac{x_i}{(1+p)^Y} \tag{7.17}$$

其中，$p$ 为当年的 CPI。

### 7.2.3 可重复使用运载火箭最优利用次数模型分析

通过前文对目标函数与约束条件的构建，可得到可重复使用运载火箭最优利用次数模型。该模型以获得最大经济效益为目的，考虑了可重复使用运载火箭各项费用与重复利用次数之间的关系，通过对该模型进行求解，可得到可重复使用运载火箭最优利用次数，在利用次数达到最优时，经济效益达到最大。

**定理 7.1**：考虑可重复使用运载火箭技术进步的情况下可得到如下优化问题，通过前文对所构建目标函数与约束条件的分析可知该优化问题存在。

定理 7.1 证明过程简单，此处省略。

$$W = y_1 + n \cdot \sum_{i=2}^{4} y_i + y_5$$
$$- \left[ x_1 + n \cdot \left( x_{26} + \sum_{i=3}^{4} x_i \right) + \sum_{j=1}^{5} x_{2j} + x_5 + (n-1)(x_6 + x_7) \right] \tag{7.18}$$

其中，各约束表达式分别对应式（7.2）～式（7.17）。

**定理 7.2**：定理 7.1 中可重复使用运载火箭最优利用次数模型存在唯一极大值。

证明：将等式约束条件代入目标函数后，对目标函数求一阶导数得

$$W' = y_2 + y_3 + y_4 - x_{26} - x_3 - x_4 - x_6 - x_7$$
$$- k_2 C_1 - k_3 k_4 e^{nk_4} - k_5 k_6 e^{nk_6} - k_7 k_8 e^{nk_8} - k_9 k_{10} e^{nk_{10}} \tag{7.19}$$

等式两边同时取自然对数得到

$$\ln W' = \ln(y_2 + y_3 + y_4 - x_{26} - x_3 - x_4 - x_6 - x_7 - k_2 C_1 - k_3 k_4 e^{nk_4} - k_5 k_6 e^{nk_6} - k_7 k_8 e^{nk_8} - k_9 k_{10} e^{nk_{10}})$$
$$\tag{7.20}$$

令等式右边等于 0，可得其驻点 $P$：

$$P = \frac{\ln \dfrac{y_2 y_3 y_4}{x_{26} x_3 x_4 x_6 x_7 k_2 k_3 k_4 k_5 k_6 k_7 k_8 k_9 k_{10} C_1}}{k_4 + k_6 + k_8 + k_{10}} \tag{7.21}$$

再对目标函数求二阶导数得

$$W'' = -k_3 k_4^2 \mathrm{e}^{nk_4} - k_5 k_6^2 \mathrm{e}^{nk_6} - k_7 k_8^2 \mathrm{e}^{nk_8} - k_9 k_{10}^2 \mathrm{e}^{nk_{10}} \tag{7.22}$$

由于 $k_3, k_4, \cdots, k_{10}$ 均为大于 0 的正数且 $\mathrm{e}^{nk}$ 大于 0，因此目标函数的二阶导数 $W''$ 恒为负，驻点 $P$ 即为极大值点，证毕。

## 7.3　案例分析与仿真

### 7.3.1　案例研究

以"猎鹰 9 号"为例，来验证上述最优利用次数求解模型的可行性。该型号可重复使用运载火箭单次发射的各项费用如表 7.3 所示。

表 7.3　可重复使用运载火箭单次发射的各项费用

| 费用名称 | 费用/亿美元 |
| --- | --- |
| 研制费 | 0.35 |
| 一子级成本 | 0.3 |
| 二子级成本 | 0.0825 |
| 整流罩成本 | 0.06 |
| 测试、运输、发射服务等成本 | 0.044 |
| 一子级维修、翻新成本 | 0.005 |
| 整流罩检修成本 | 0.001 |

该型号不可重复使用运载火箭单次发射的各项费用如表 7.4 所示。

表 7.4　不可重复使用运载火箭单次发射的各项费用

| 费用名称 | 费用/亿美元 |
| --- | --- |
| 研制费 | 0.25 |
| 一子级成本 | 0.2 |
| 二子级成本 | 0.0825 |
| 整流罩成本 | 0.04 |
| 测试、运输、发射服务等成本 | 0.032 |

将表 7.4 中的数据代入上述最优利用次数求解模型，得到式（7.23）：

$$f(n) = -0.395\,575 + 0.194\,075 \cdot n - \frac{n}{2500} \cdot \mathrm{e}^{0.035 \cdot n} + \frac{1}{2500} \cdot \mathrm{e}^{0.035 \cdot n} + 0.0001 \cdot n \tag{7.23}$$

根据目标函数绘制函数图像（图 7.3），图像表明该型号可重复使用运载火箭最优发射次数为 128 次。

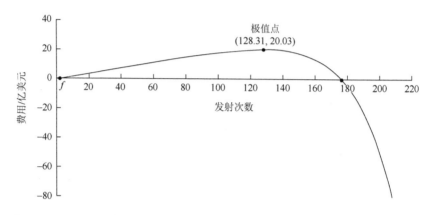

图 7.3　目标函数图像

## 7.3.2　模型仿真与分析

假设某型号不可重复使用运载火箭的太阳同步轨道运载能力为 3～4.5 吨，在该型号基础上研制的可重复使用运载火箭的运载能力的损失为 30%，则二者各自的研制费由公式 $y_1 = 64\ 239 \cdot Y^{0.8381}$、$x_1 = k_1 \cdot 64\ 239 \cdot (0.7Y)^{0.8381}$ 便可分别求出，某型号可重复使用运载火箭各项费用如表 7.5 所示。

表 7.5　某型号可重复使用运载火箭费用构成

| 费用名称 | 费用/亿美元 |
|---|---|
| 研制费 | $x_1 = k_1 \cdot 64\ 239 \cdot (0.7Y)^{0.8381}$ |
| 一级火箭制造费 | $0.36 \cdot e^{0.025(0.7Y)}$ |
| 二级火箭制造费 | $0.0825$ |
| 发射场地费（操作费） | $0.044$ |
| 试验费 | $0.018$ |
| 回收费 | $\dfrac{1}{2000}\ln(n)$ |
| 维护维修费 | $\dfrac{1}{2500}e^{0.035n}$ |
| 其他相关费用 | $0.012$ |

某型号不可重复使用运载火箭各项费用如表 7.6 所示。

表 7.6　某型号不可重复使用运载火箭费用构成

| 费用名称 | 费用/亿美元 |
| --- | --- |
| 研制费 | $64\,239\cdot Y^{0.8381}$ |
| 制造费 | $0.3225\mathrm{e}^{0.1Y}$ |
| 发射场地费（操作费） | 0.032 |
| 试验费 | 0.01 |
| 其他相关费用 | 0.01 |

将表 7.6 中的各项费用代入目标函数可得

$$W = 0.064\,239\cdot Y^{0.8381}\left(1-0.741612\cdot k_1\right)+\left(0.3225\cdot \mathrm{e}^{0.1Y}-0.1025\right)n$$

$$-\frac{1}{2000}\ln(n)-(n-1)\frac{1}{2500}\mathrm{e}^{0.035n}-\left[0.002+0.36\cdot \mathrm{e}^{0.025(0.7Y)}\right] \qquad (7.24)$$

由上文可知，运载能力 $Y$ 的取值范围为 $3\sim4.5$，修正系数 $k_1$ 的取值范围为 $1.5\sim3.375$。当 $Y$ 取 4、$k_1$ 取 2.3 时，目标函数可简化为

$$W = -0.532\,98+0.378\,61n-\frac{1}{2000}\ln(n)+(1-n)\frac{1}{2500}\mathrm{e}^{0.035n} \qquad (7.25)$$

利用 Matlab 画出其二维图像，如图 7.4 所示。

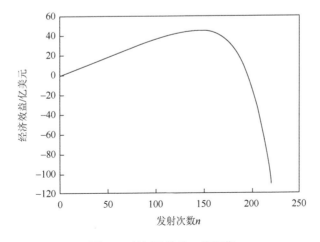

图 7.4　目标函数的二维图像

### 7.3.3　参数灵敏度分析

可重复使用运载火箭最优利用次数模型中，最优利用次数 $n$ 及最大经济效益 $W$ 都受到多个参数变动的影响，如运载能力 $Y$、各个修正系数 $k_n$ 等。为了分析其中一些主要参数的变动对最优利用次数 $n$ 及最大经济效益 $W$ 的影响程度，本章选取其中具有代表性的两个参数：运载能力 $Y$ 与修正系数 $k_1$。由于运载能力 $Y$ 与修正系数 $k_1$ 都可以在一个区间范围内变动，为了解两者的变动对最优利用次数与最大经济效益的影响，对运载能力 $Y$ 与修正系数 $k_1$ 进行灵敏度分析。

首先，对运载能力 $Y$ 的变化进行分析，令修正系数 $k_1$ 取定值 2.3，$Y$ 的取值范围为 3～4.5，此时利用 Matlab 绘制的 $W$-$Y$-$n$ 三维关系图如图 7.5 所示。

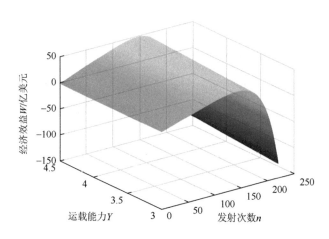

图 7.5　$W$-$Y$-$n$ 三维关系图

将图 7.3 与 $W$-$Y$-$n$ 三维关系图对比可知，当运载能力 $Y$ 取 4 时，获得的最大经济效益 $W$ 在 40 亿美元左右。由 $W$-$Y$-$n$ 三维关系图可知，当运载能力 $Y$ 取 4.5 时，能够获得的最大经济效益接近 50 亿美元；当运载能力 $Y$ 在 3～4.5 变化时，图形的坡度是上倾斜的。由此，可得命题 7.1。

**命题 7.1**：在可重复使用运载火箭可以达到的运载能力范围内，最大经济效益随着运载能力的提升而不断增加。

其次，对修正系数 $k_1$ 的变化进行分析，令运载能力 $Y$ 取定值 4，$k_1$ 的取值范围为 1.5～3.375，此时利用 Matlab 绘制的 $W$-$k_1$-$n$ 三维关系图如图 7.6 所示。

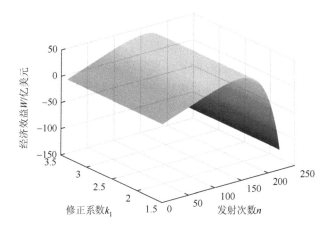

图 7.6　$W$-$k_1$-$n$ 三维关系图

　　将图 7.6 与图 7.5 对比可知，当修正系数 $k_1$（表示可重复使用运载火箭相较于不可重复使用运载火箭技术突破的程度）取 2.3 时，在发射次数 $n$ 较小时也能获得一定的经济效益，即经济效益为正值。图 7.6 显示当 $k_1$ 取值不断增大并且发射次数较小时并不会获得经济效益，会出现一定的亏损，在发射次数达到一定规模时才能获益。由此，可得命题 7.2。

　　**命题 7.2**：可重复使用运载火箭的技术突破程度较高时，带来的研制费增加量较大，这将导致前期的重复利用会出现亏损，只有在发射次数达到一定规模时才能开始获利。因此，技术突破的程度不是越高越好，应根据实际需要与经济效益目标来决定。

　　根据灵敏度分析的思想，借助所研究对象的模型，依次改变所研究的各个变量，在改变其中一个变量时，其余的变量保持不变，以此来分析确定哪个变量的变动对目标函数的影响更大，灵敏度高的变量通常就是关键技术项目。因此，最后将 $W$-$Y$-$n$ 三维关系图与 $W$-$k_1$-$n$ 三维关系图对比可知，运载能力 $Y$ 的变化对于目标函数值的影响较大。由此，可得命题 7.3。

　　**命题 7.3**：在可重复使用运载火箭设计研制过程中，运载能力 $Y$ 相比技术突破程度 $k_1$ 来说是更为关键的技术项目，对最大经济效益的影响更大。

## 7.4　本　章　小　结

　　在追求高可靠性的前提下，努力实现经济效益最大化是当前航天领域研究需要解决的重要问题，然而，由于火箭复用次数并不是越多越好，在使用次数超过某一上限时，可能会导致可重复使用运载火箭后期的维护维修费、回收费等费用之和高于使用不可重复使用运载火箭的费用。因此，本章首先对可重复使用运载火箭的最优利用次数进行影响因素分析。其次，以能够实现经济效益最大化的运载火箭最优利用次数作为目标函数构建可重复使用运载火箭最优利用次数模型。最后，以某型号为例开展仿真计算分析，并对仿真结果进行参数敏感度分析，由此来验证上述最优利用次数求解模型的可行性。

# 第8章　基于 GERT 网络的可重复使用运载火箭回收经济效益仿真模拟

在可重复使用运载火箭成本费用估算模型构建及参数调优的基础上，为更加准确和深入地估算可重复使用运载火箭的成本费用，本章基于第 7 章中的可重复使用运载火箭最优利用次数模型，采用 GERT 网络描述可重复使用运载火箭的回收维修流程，建立 GERTS 仿真网络，从部件级别对可重复使用运载火箭的成本费用、最优利用次数进行仿真分析。

## 8.1　可重复使用运载火箭回收 GERT 网络模型构建

### 8.1.1　GERT 网络基本要素定义

运载火箭本身包括火箭的总装、性能测试以及各部分转运等多个环节或部分。可重复使用运载火箭的回收利用中，存在一系列复杂的活动，如火箭发射后依概率（发射成功或者不成功）按某种方式对可重复使用部件进行回收，依概率对回收部件进行修复（可修复和不可修复），若可回收、可修复，则可重复使用部件可进入再次发射环节。

当前对于运载火箭的项目管理已有许多探析和总结。20 世纪 70 年代，美国对基于 PERT（program/project evaluation and review technique，计划评审技术）的项目网络管理方式进行改进，并提出了全新的 GERT 网络技术，该技术在"阿波罗"计划中也得到了充分利用，产生了一定的成果。

随机网络是一种能够精确又直观地描述实际系统的重要形式，对于考虑多种因素影响的复杂可重复使用运载火箭回收流程，可以采用随机网络进行描述，即基于 GERT 网络模型，可对可重复使用运载火箭进行系统建模，并采用仿真方法能够得到较为实际的合理解决方案。因此，对运载火箭回收的客观系统的动态运行过程进行建模，可以认为是一种基于时间线的系统状态间转移过程，其节点为网络状态，节点间的连接线/箭头表征网络状态的转移，当状态转移具有一定的概率时，网络的运行过程就具有随机性，所构成的网络就是基于 GERT 的随机网络。在随机网络中，为保证系统的稳定性，可以假设状态转移概率不随时间发生变化，即状态转移中的传递关系只表示某参数/某些资源的变化。

在可重复使用运载火箭的 GAN（general active network，通用活动网络）随机网络模型中，节点输入的状态转移关系包括"异或型"、"或型"以及"与型"，表示不同情景下使得节点状态转移的因素。节点输出端则有"肯定型"和"概率型"，具体如表 8.1 所示。在 GAN 随机网络中，任何节点都有不少于 1 个引入和引出（输入和输出）箭杆（源节点和终节点除外），而且网络可以有多个源节点和终节点。在 GAN 网络节点类型中，"异或型"输入表示在所有引入该节点的活动中只要有任何一个活动得以实现，则该节点就可以实现，但在某一时刻只有一个活动能够被实现；"或型"输入表示在所有引入此节点的活动中，若有任何一个（或一组）活动可以完成，则该节点就可实现，若在给定时刻上同时出现多个可以实现的活动进入该节点，则该节点的实现时刻为所有引入活动的最早时刻；"与型"输入表示只有当所有引入此节点的活动都实现时，该节点才能被实现，因此该活动的实现时刻为所有引入活动中的最迟完成时刻；"肯定型"表示由此节点引出的活动是会被完成的，即引出活动被执行的概率为 1；"概率型"表示所有从该节点引出的活动中只有一个活动是依概率实现的，但允许有多个概率分支，且各节点引出活动实现的概率和为 1。此外，整个网络中可以出现回路和自环现象，表示多重反馈，网络中各活动参数的概率分布根据可重复使用运载火箭费用实际情景的统计分析结果确定。

表 8.1　GAN 网络的节点类型

| 类型 | 异或型 | 或型 | 与型 |
|---|---|---|---|
| 肯定型 | | | |
| 概率型 | | | |

显然，概率分支和箭头上的传递关系以及对应的概率分布，构成了 GAN 网络所需的基本元素，其相关信息可采用二维及以上的向量进行描述，并置于箭头连线上，具体如图 8.1 所示。该 GAN 网络中，$p_u$ 表示当节点 1 实现时，活动(1,2)会实现的概率；$t_u$ 表示实现活动(1,2)所需要的时间，为一个随机变量，并且假设其服从某一概率分布；$c_u$ 为实现活动(1,2)的费用函数，可以根据需求设定其是否为随机变量。GAN 的网络解析算法是基于信号流图分析法和概率论中的矩母函数理论，求解出项目管理所需的各种成本参数和概率。

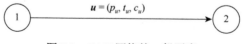

图 8.1　GAN 网络的一般要素

由表 8.1 和图 8.1 可知，GAN 网络的构成形式非常多，从网络结构的特点来看，可以归纳成串联、并联和自环三种基本结构，具体如表 8.2 所示。其中，串联型主要用于描述火箭的主要流程，并联结构又可以根据节点输入特点分为并联"与"型、并联"或"型和并联"异或"型，如在对火箭五大部件回收时，就可以采用并联"与"型结构进行描述。自环型在可重复使用运载火箭模型中表示从火箭发射到回收再到修复和整合的过程。

表 8.2　GAN 网络的基本形式

| 结构方式 | 网络图示 | 等价向量 |
|---|---|---|
| 串联型 | | $p_E = p_a p_b$<br>$t_E = t_a + t_b$ |
| 并联"与"型 | | $p_E = P(a \cap b)$<br>$t_E = \max(t_a, t_b)$ |
| 并联"或"型 | | $p_E = P(a \cup b)$<br>$t_E = \min(t_a, t_b)$ |
| 并联"异或"型 | | $p_E = P(a \cup b) - P(a \cap b)$<br>$t_E = \begin{cases} t_a, & \text{当取 } p_a \text{ 时} \\ t_b, & \text{当取 } p_b \text{ 时} \\ \infty, & \text{当取 } P(a \cap b) \text{ 时} \end{cases}$ |
| 自环型 | | $p_E = \dfrac{p_a p_b}{1 - p_c}$<br>$t_E = t_a + t_b + n t_c$ |

利用表 8.2 中的基本结构所构造的 GAN 网络具有以下特征。

（1）由于 GAN 网络中有自环的存在，通过适当调整或者扩展自环结构，便会形成不同的反馈，如多重自环反馈等。

（2）对于 GAN 网络来说，因为具有"概率型"输出，所以网络的实现并不是所有节点（活动）都会被实现，而是所经过路径上节点中的一部分活动会被实现，即网络的实现是依赖于 GAN 网络中某些活动和箭头所形成的路线，不是所有活动实现集大成的结果，即网络的实现也具有一定的概率性。

## 8.1.2　GERTS 网络模型构建

基于 GAN 网络基本结构，可以构建可重复使用运载火箭 GERT 网络模型，而且可以求出可重复使用运载火箭回收过程的各项参数和概率。然而，随着网络规模的扩大，仿真网络解析算法的计算量会急剧增长，往往只应用于中小规模的网络。对于较为复杂的可重复使用运载火箭回收过程，当规模增大时，往往采取 GERTS 技术进行求解。

1）节点仿真

在 GERTS 网络中，建模人员可根据需要对节点的输入逻辑进行适当的选择，而不限于"异或型"、"或型"以及"与型"逻辑。图 8.2 为两种 GERTS 节点的示例。

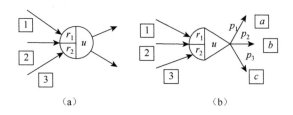

（a）　　　　　　　　　　（b）

图 8.2　GERTS 节点

图 8.2 中两种 GERTS 节点示例中的符号定义如下：$r_1$ 表示节点 $u$ 第一次达到对于引入活动完成数目的要求；$r_2$ 表示节点 $u$ 第二次和以后各次达到对于引入活动完成数目的要求；$u$ 表示节点的编号（常规情形下，往往是从 2 开始进行顺序编号）。

在对可重复使用运载火箭回收网络进行仿真时，需要对引入活动的完成次数进行统计，以便对每项活动的实现进行控制。例如，在对整流罩修复的统计中，若 $r_2 = \infty$，则表示该节点在实现一次之后，整流罩变为可回收状态，并在此基础上，统计和记录节点的参数，实现对该节点输入逻辑的仿真。

在节点的输出端，有"肯定型"和"概率型"两种。若为"概率型"输出，则需要按各活动上的分支概率选择其中一个活动。本章采用蒙特卡洛模拟方法，先基于均匀分布随机数发生器产生随机数，然后选取其中一个随机数，以各分支概率的范围为选取依据，对活动进行舍取。由于随机数是通过调用均匀分布随机数发生器产生的，因此随着仿真次数的增多，各引出活动被执行的概率就会逐渐趋近各分支概率的范围。

2）活动仿真

在 GERTS 网络中，由于各项活动参数的概率分布往往是不相同的，如图 8.3

所示，活动参数可以是时间、附加费用参数等，因此为便于网络数据的读取和仿真计算，本章采取代码形式表示活动参数的分布。当 GERTS 活动参数代码被软件识别后，就可以直接调用相应概率分布随机数发生器，从而对各项活动参数进行赋值。

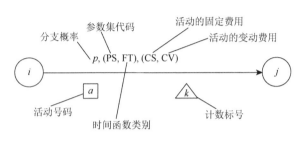

图 8.3　GERTS 活动的标志

图 8.3 中，活动的费用参数包括固定费用（CS）和变动费用（CV），其中，固定费用表示活动执行一次所必须产生的费用，变动费用表示与活动持续时间存在关系的费用。因此，活动每实现一次产生的总费用用固定费用和变动费用与活动持续时间的乘积来表示，即 $CS+CV\cdot T$，其中 $T$ 为活动持续时间，其可以通过随机数发生器产生。此外，为便于数据的统计，可对一组活动进行标号，当该组活动中任一活动完成时，该标号计数器增 1，从而统计出该组活动的完成次数（执行次数）。

例如，对图 8.3 所示的网络进行仿真，当节点 $i$ 被实现，且活动($ij$)开始执行时，仿真程序即可对其进行调度，并根据相应代码选择对应随机数发生器产生随机数（如随机时间），并将结果赋值给下一随机事件发生的时刻。随着仿真时间的推进，当时间达到该时刻时，激活该事件（即节点实现），并等该事件完成再进入下一节点的输入和输出仿真。如此反复进行，即可跟着网络执行的路径实现对网络的仿真，直到节点为网络终节点时，停止仿真。

3）网络仿真

在对节点和活动进行仿真的基础上，基于 GERT 网络基本要素定义和网络模型构建规则，对实际系统进行随机网络构造，并按照逻辑输入节点和活动的参数数据，即可在 GERTS 软件的支持下，对实际系统进行随机网络仿真计算。

## 8.2　可重复使用运载火箭回收 GERT 网络模型求解

### 8.2.1　可重复使用运载火箭回收 GERT 网络解析算法

在实际可重复使用运载火箭回收的各个阶段中，项目间的关系和流程是一个复杂的系统。为描述其流程，给出以下定义。

**定义 8.1**：若存在一个网络 $G=(N,A)$，$N$ 表示网络节点的集合，$A$ 表示网络活动的集合。若该节点集合中只含有"异或型"输入活动，并且随机变量 $t_{ij}$ 表征为网络中第 $(ij)$ 个活动的成本，函数 $f\left(t_{ij}\right)$ 表示的是活动 $(ij)$ 的条件概率密度函数，那么随机变量的条件矩母函数为

$$M_{ij}(s)=\int_{-\infty}^{+\infty}\mathrm{e}^{st_{ij}}f\left(t_{ij}\right)\mathrm{d}t_{ij} \tag{8.1}$$

**定义 8.2**：令 $p_{ij}$ 表示给定节点 $i$ 实现时，活动 $(ij)$ 被执行的概率，$W_{ij}(s)$ 为活动 $(ij)$ 的传递函数，并令

$$W_{ij}(s)=p_{ij}M_{ij}(s) \tag{8.2}$$

因此，对每一项活动来说，网络 $G$ 都需要设置两项参数 $p_{ij}$ 和 $t_{ij}$。为简化网络模型，并与原网络结构保持一致，采用只需设置一个参数的网络 $G'$，对每项活动的参数设置为 $W_{ij}(s)$ 进行代替。

**定理 8.1**：在费用相关的 GERT 图中，如果 $W_{ij}(s)$ 表示从节点 $i$ 到节点 $j$ 的等价传递函数，$p_{ij}$ 为节点 $i$ 到节点 $j$ 的等价传递概率，$M_{ij}(s)$ 为随机变量的条件矩母函数，那么

$$p_{ij}=W_{ij}(s)|_{s=0} \tag{8.3}$$

证明：由于 $W_{ij}(s)=p_{ij}M_{ij}(s)$，当 $s=0$ 时，$W_{ij}(0)=p_{ij}M_{ij}(0)$，$M_{ij}(0)=\int_{-\infty}^{+\infty}f\left(t_{ij}\right)\mathrm{d}t_{ij}=1$，于是有 $W_{ij}(0)=p_{ij}$，得证。

**定理 8.2**：在以费用为关注点的 GERT 网络图中，若节点 $i$ 到 $j$ 的等价传递函数可用 $W_{ij}(s)$ 表示，且用 $M_{ij}(s)$ 表示节点 $i$ 到节点 $j$ 中某随机变量的条件矩母函数，那么节点 $i$ 到 $j$ 的费用等价于

$$E\left(t_{ij}\right)=\frac{\partial}{\partial s}M_{ij}(s)|_{s=0} \tag{8.4}$$

节点 $i$ 到节点 $j$ 的方差为

$$V\left(t_{ij}\right)=\left[\frac{\partial^2}{\partial s^2}M_{ij}(s)\right]\bigg|_{s=0}-E\left(t_{ij}\right)^2 \tag{8.5}$$

证明：由于 $M_{ij}(s)=\int_{-\infty}^{+\infty}\mathrm{e}^{st_{ij}}f(t_{ij})\mathrm{d}t_{ij}$，$\frac{\partial}{\partial s}M_{ij}(s)|_{s=0}=\left[\frac{\partial}{\partial s}\int_{-\infty}^{+\infty}\mathrm{e}^{t_{ij}s}f(t_{ij})\mathrm{d}t_{ij}\right]\bigg|_{s=0}=E(t_{ij})$，

$$\left[\frac{\partial^2}{\partial s^2}M_{ij}(s)\right]_{s=0}=\frac{\partial}{\partial s^2}\int_{-\infty}^{+\infty}\mathrm{e}^{t_{ij}s}f(t_{ij})\mathrm{d}t_{ij}\mid_{s=0}=\int_{-\infty}^{+\infty}t_{ij}^2f(t_{ij})\mathrm{d}t_{ij}=E(t_{ij}^2)，可得\left[\frac{\partial^2}{\partial s^2}M_{ij}(s)\right]_{s=0}-E(t_{ij})^2=$$

$E(t_{ij}^2)-E(t_{ij})^2=V(t_{ij})$。

　　**例 8.1**：某型号可重复使用运载火箭发射后，其发射是否成功，具有一定的概率，假设成功和不成功的概率分别为 $p$ 和 $1-p$。此外，其可回收和修复的部件也具有一定的概率，若发射成功，则经过一定飞行后回收，可依概率对其进行修复，其可修复和不可修复的概率分别为 $r$ 和 $1-r$。此外，如果发射不成功，经过回收，也可能存在可修复与不可修复的情形，假设其概率分别为 $q$ 和 $1-q$。若用 $M_P(s)$ 表示发射及之后的回收成本，$M_R(s)$ 表示发射成功后的修复成本矩母函数，$M_Q(s)$ 表示发射不成功后的修复成本矩母函数，则可构建该可重复使用运载火箭的 GERT 网络，具体如图 8.4 所示。

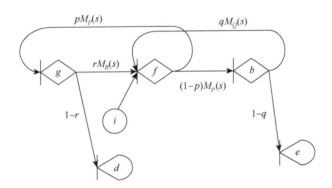

图 8.4　某类型可重复使用运载火箭回收 GERT 网络

　　图 8.4 中节点 $i$ 表示试验过程开始，节点 $f$ 表示火箭发射，节点 $g$ 表示发射成功而节点 $b$ 表示发射不成功，节点 $d$ 和节点 $e$ 均为火箭报废。

　　利用 $W$ 函数、$W$ 母函数、计数和标记，可以得到必要的网络参数，包括火箭的寿命周期成本分布、火箭报废前的平均发射次数、至少有一次发射成功的概率以及到达首次发射成功的成本分布等。

　　假定 $p$ 为 0.97，$r$ 为 0.9，$q$ 为 0.8。$M_P(s)$ 对应分布及其参数为 $N(350,20^2)$，$M_R(s)$ 对应分布及其参数为 $N(100,10^2)$，$M_Q(s)$ 对应分布及其参数为 $N(200,10^2)$。由于，正态分布的矩母函数为

$$M_X(s)=\mathrm{e}^{\mu s+\frac{1}{2}\sigma^2 s^2} \tag{8.6}$$

因此，可以对该类型火箭的回收成本进行求解。利用梅森公式可得到火箭成本的

等价 $W$ 函数为 $W_i$ 、 $d(s)+W_i$ 、 $e(s)$ ，由于到达节点 $d$ 和节点 $e$ 的概率之和为 1，所以火箭成本的矩母函数为

$$M_E(s) = \frac{p(1-r)M_P(s)+(1-p)(1-q)M_P(s)}{1-prM_P(s)M_R(s)-q(1-p)M_P(s)M_Q(s)} \tag{8.7}$$

代入数据可得

$$M_E(s) = \frac{0.103e^{350s+200s^2}}{1-0.873e^{450s+250s^2}-0.024e^{550s+250s^2}} \tag{8.8}$$

基于矩母函数的性质可知，矩母函数对应的 $n$ 阶导数在 $s=0$ 处的解即随机变量 $n$ 阶的原点矩。因此，基于该性质，可以获得可重复使用运载火箭的平均成本：

$$\left.\frac{\partial M_E(s)}{\partial s}\right|_{s=0} = \left.\frac{\left\{\begin{array}{l}0.103e^{350s+200s^2}(350+400s)(1-0.873e^{450s+250s^2}-0.024e^{550s+250s^2})\\-0.103e^{350s+200s^2}\left[-0.873e^{450s+250s^2}(450+500s)-0.024e^{550s+250s^2}(550+500s)\right]\end{array}\right\}}{(1-0.873e^{450s+250s^2}-0.024e^{550s+250s^2})^2}\right|_{s=0}$$

$$= \frac{0.103\times350\times(1-0.873-0.024)+0.103\times(0.873\times450+0.024\times550)}{(1-0.873-0.024)^2} \tag{8.9}$$

## 8.2.2　GERT 网络解析法改进

基于概率分支和反馈回路运行原理，网络中某部分、某活动，乃至某节点可能被多次实现，此时，由于 GERT 网络必定以一个大于零的概率使得过程离开回路而进入别的节点，因此网络中这种局部要素被重复实现的次数具有有界性。

在求解可重复使用运载火箭回收模型中，需要对整个 GERT 网络中特定部分被重复执行的次数进行统计，从而确定相应参数，即解析法中的 $C$ 标记和 $Z$ 标记。

1）网络要素重复执行次数的矩母函数（$C$ 标记）

**定义 8.3**：若要对 GERT 网络中某活动 $k$ 进行 $C$ 标记，其方法为对活动 $k$ 的矩母函数乘以 $e^c$ ，其他活动均按照原参数执行。因此，对于随机变量 $T$ ，其对应的矩母函数可以表示为

$$M_T(c) = E(e^{cT}), \quad \forall c \in \mathbb{R} \tag{8.10}$$

当 $T$ 取常数 1 时， $M_T(c)=e^c$ 。

**定理 8.3**：若对 GERT 网络图中的活动 $k$ 进行了 $C$ 标记，假设 $M_E(c)$ 为网络等价矩母函数 $M_E(c,s)$ 在 $s=0$ 时的函数，那么

$$E(T) = \left.\frac{\partial M_E(c)}{\partial c}\right|_{c=0} \tag{8.11}$$

证明：

$$M_E(c) = M_E(c,s)|_{s=0} = \begin{cases} \left[\int_{-\infty}^{+\infty} e^{t_{ij}s} f(t_{ij}) dt_{ij}\right]_{s=0}, \text{非活动} k \\ \left[\int_{-\infty}^{+\infty} e^{c+t_{ij}s} f(t_{ij}) dt_{ij}\right]_{s=0}, \text{活动} k \end{cases}$$

$$= \begin{cases} \left[\int_{-\infty}^{+\infty} f(t_{ij}) dt_{ij}\right]_{s=0}, \text{非活动} k \\ \left[\int_{-\infty}^{+\infty} e^{c} f(t_{ij}) dt_{ij}\right]_{s=0}, \text{活动} k \end{cases}$$

因此，$\dfrac{\partial M_E(c)}{\partial c}\bigg|_{c=0} = \begin{cases} 0, \text{非活动} k \\ \int_{-\infty}^{+\infty} f(t_{ij}) dt_{ij}, \text{活动} k \end{cases} = E(T)$。

上述证明表示活动 $k$ 对应的费用为 1，其他活动费用均为 0，从而得到的网络期望费用同时也表示活动 $k$ 被执行的平均次数。

除了用网络中某一要素的重复执行次数来计算可重复使用运载火箭各部件在生命周期中的维修次数，还可以利用一组网络要素的重复执行次数来进行计算，特别是在网络执行过程中，从源节点到终节点总共转移的次数，可以此求出可重复使用运载火箭的回收次数。

**例 8.2**：在例 8.1 的背景下，对火箭的平均发射次数进行计算。

假设，对进入 $f$ 节点的活动标注 $C$，也就是分别对活动$(gf)$和活动$(bf)$的 $W$ 函数乘以 $e^c$，即

$$M(s,c) = W_{i,d}(s) + W_{i,e}(s) = \frac{p(1-r)M_P(s) + (1-p)(1-q)M_P(s)}{1 - pre^c M_P(s)M_R(s) - q(1-p)e^c M_P(s)M_Q(s)} \quad (8.12)$$

$$M(c) = M(s,c)|_{s=0} = \frac{p(1-r) + (1-p)(1-q)}{1 - pre^c - q(1-p)e^c} \quad (8.13)$$

由此根据对矩母函数求导即可求得火箭在报废前经过活动$(gf)$和活动$(bf)$的平均次数：

$$\frac{\partial M(c)}{\partial c}\bigg|_{c=0} = \frac{pr + q(1-p)}{p(1-r) + (1-p)(1-q)} = 8.48（次）$$

2）条件矩母函数（$Z$ 标记）

**定义 8.4**：$Z$ 标记是指对 GERT 网络中某活动的 $W$ 函数乘以变量 $z$，假设 $W(s|j)$ 表示经过 $Z$ 标记的活动在实现 $j$ 次时，其对应网络的条件函数的等价函数可以写成变量 $z$ 的幂函数形式，具体如下：

$$W(s,z) = W(s|0) + W(s|1)z + W(s|2)z^2 + \cdots + W(s|j)z^j + \cdots = \sum_{j=0}^{\infty} W(s|j)z^j \quad (8.14)$$

易得

$$W(s\,|\,j) = \frac{1}{j!}\frac{\partial^{j}W(s,z)}{\partial z^{j}} \tag{8.15}$$

从式（8.15）可知，条件 $W$ 函数与条件矩母函数之间的关系同样可以按照 $W$ 函数的定义来确定，具体如下：

$$W(s\,|\,j) = p(j)M(s\,|\,j) \tag{8.16}$$

其中，$p(j) = W(0\,|\,j)$，为当 $Z$ 标记的活动实现 $j$ 次时，该网络的实现概率；$M(s\,|\,j)$ 为当 $Z$ 标记的活动实现 $j$ 次时，网络的条件矩母函数。

因此，根据上述条件矩母函数，可以计算 GERT 网络中 $Z$ 标记的活动实现时，网络费用的条件期望值以及对应的概率分布特征。

3）过程时间的矩母函数（$Z$ 标记）

在对 GERT 网络进行分析时，对于某个节点或某个活动首次实现以及第 $n$ 次实现的过程时间是网络仿真分析关注的焦点，也是进行网络特性分析的重点。

在网络执行中，若将第一次达到某节点的过程时间定义为该节点首次的实现时间，那么该过程时间可通过其对应的矩母函数进行确定。也就是说，当对引入该节点的所有活动都进行 $Z$ 标记时，从源节点到该节点的 $W$ 母函数便可求解得到，且该节点首次实现的过程时间所对应的 $W$ 函数可以表征为条件 $W$ 函数 $W(s\,|\,1)$。

**例 8.3**：在例 8.1 的背景下，求解首次火箭发射成功的成本分布。

可在发射成功节点的引入活动上进行 $Z$ 标记，这时得到的 $W$ 函数为

$$W(s,z) = \frac{p(1-r)zM_P(s) + (1-p)(1-q)M_P(s)}{1 - przM_P(s)M_R(s) - q(1-p)M_P(s)M_Q(s)} \tag{8.17}$$

当令 $s = 0$、$z = 0$ 时，其表示从网络中将通往发射成功的路径删除后的网络等价概率，即仅能到达节点 $b$ 和节点 $e$ 的等价概率，即发射不成功的概率，则至少有一次发射成功的概率为

$$1 - W(s,z)\big|_{s=0,z=0} = 1 - \frac{(1-p)(1-q)}{1-q(1-p)} \tag{8.18}$$

相应地，从节点 $i$ 出发取得首次发射成功的成本，可以通过从节点 $i$ 到节点 $g$ 之间的 $W$ 母函数来求解（在进入节点 $g$ 的活动上进行 $Z$ 标记）。

$$W_{i,g}(s,z) = \frac{pzM_P(s)}{1 - przM_P(s)M_R(s) - q(1-p)M_P(s)M_Q(s)} \tag{8.19}$$

因为对应于首次发射成功成本的 $W$ 函数应为活动（$fg$）首次实现的条件函数 $W_{i,g}(s\,|\,1)$，由条件 $W$ 函数的定义可知：

$$W_{i,g}(s\,|\,1) = \frac{\partial W_{i,g}(s,z)}{\partial z}\bigg|_{z=0} \tag{8.20}$$

$$M_{i,g}(s\,|\,1) = \frac{W_{i,g}(s\,|\,1)}{W_{i,g}(s\,|\,1)\,|_{s=0}}$$ （8.21）

则

$$M_{i,g}(s\,|\,1) = \frac{0.97e^{350s+200s^2}}{0.9939(1-0.024e^{450s+250s^2})}$$ （8.22）

即可确定首次发射成功的成本分布及分布参数。

## 8.2.3　GERTS 仿真改进

GERTS 网络构建完成后，可通过仿真得到计划的各项参数以指导实践。为扩大建模能力，对节点实现逻辑、统计功能等进行扩展，以便对可重复使用运载火箭进行更实际的仿真。

1）节点实现逻辑改进

$A$ 型节点必须限制首次实现的次数，即首次实现才必须完成特定的活动，在第二次及之后的实现中，没有特定的限制条件。

$H$ 型节点的输入逻辑与一般 GERTS 节点相似，任何活动组合的完成次数达到 $r_1$ 时即可使 $H$ 型节点得以实现，但当该节点被实现时，该节点的所有引入活动，不论其状态，均被停止执行（但未从网络移除），当这些活动发出节点被再次实现时，这些活动会被重新执行。

2）统计功能改进

$F$ 型统计：通过在节点上标注 $F$ 标志来激活仿真计算器的自动记录功能，当源节点实现时，开始计算该节点首次实现的费用、各次仿真过程中首次回收的费用，从而可以统计得出该节点的概率分布及其参数。

$A$ 型统计：通过在节点上标注 $A$ 标志来激活仿真计算器的自动记录功能，$A$ 标志不仅统计首次实现费用，还会对各次的实现费用进行统计，从而对该节点的所有费用的动态特性进行分析。

$I$ 型统计：为统计网络中某一节点到指定节点间的费用，将开始节点标注为 $M$，指定节点标注为 $I$。此时，若网络执行过程中，仿真路线并未经过开始节点 $M$，则指定节点 $I$ 的费用统计为 0。该统计类型可以用于统计回收和修复阶段所使用的费用。

3）节点的费用统计功能

程序可以提供网络在执行过程中到达各节点时的费用指标，在某一节点实现时的总费用包含所有已完成活动和正在执行活动所支出费用的总和。任何活动一经开始执行，其固定费用即全部发生，而变动费用随执行时间呈线性增长关系。这个特征与可重复使用运载火箭各部件在不同修复次数时的修复成本是一致的。

## 8.3 案 例 研 究

### 8.3.1 可重复使用运载火箭 GERT 网络符号含义

GERT 网络的符号含义：$S$ 表示火箭发射；$L$ 表示发射失败；$G$ 表示发射成功；$i_0$ 表示发射过程开始；$e$ 表示火箭报废；$B$ 表示回收成功；$i_1$ 为虚拟节点，表示火箭回收成功后，可重复使用部件修复与制造过程的开始；$d_f$ 表示火箭回收失败报废；$B_{i0}$（$i=1,2,3,4,5$）表示火箭回收成功后，对部件 $X_i$ 的可修复再利用情况进行状态检测；$B_{i1}$（$i=1,2,3,4,5$）表示若部件 $X_i$ 可修复再利用，则进行修复，否则再重新制造部件 $X_i$；部件 $X_{i1}$（$i=1,2,3,4,5$）表示可修复再利用；$X_{i2}$（$i=1,2,3,4,5$）表示部件 $X_i$ 不可修复再利用，且需要制造新的替代部件；$C$ 表示判断是否值得回收；$X_4$ 表示做回收工作的前置准备。

### 8.3.2 可重复使用运载火箭 GERT 网络

一个可重复使用运载火箭能否被回收利用，并不是指某一级运载火箭的整体，而是针对单件设备，如整流罩最多只能使用两次。根据资料，可重复使用运载火箭五大部件包括：整流罩、一级氧化剂箱、箱间段、一级燃烧剂箱、一级发动机。

在建立的 GERT 网络中，从 $i_0$ 开始发射火箭，如果发射成功，则状态转移为节点 $G$，发射失败则转为节点 $L$。在节点 $G$ 开始回收，回收失败则火箭报废到节点 $d_f$ 结束，回收成功则到节点 $B$。在节点 $L$ 开始回收，回收失败则到节点 $e$ 结束，成功则转到节点 $B$，GERT 网络如图 8.5 所示。

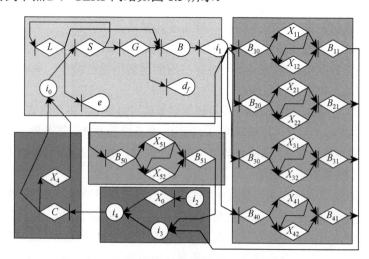

图 8.5 可重复使用运载火箭 GERT 网络

从 $i_1$ 开始检测各部件的维修工作，分别对五个部件进行检测维修，$B_{i0}$ 为第 $i$ 个部件的检测，若可修复则到 $X_{i1}$ 进行修复，修复成功则转到 $B_{i1}$。若不可修复或者可修复但修复失败，则转到 $X_{i2}$ 进行部件的重新制造，之后再转到 $B_{i1}$。之后五个部件在 $i_3$ 整合，不可重复使用段的部件在 $i_2$ 开始准备制造，$X_0$ 制造完成不可重复使用的部件，在 $i_4$ 整合成为完整的火箭。在节点 $C$ 判断新一次发射是否需要进行回收准备工作、该次火箭发射后是否值得回收。是否值得回收的评价标准是此次的回收价值（部件制造费用-部件维修费用）是否大于回收准备工作和回收实施工作的费用均值，若值得，则转到 $X_4$ 进行回收准备工作，并正常进行回收流程；若不值得则直接转到 $i_0$，进行发射后在节点 $S$ 或者 $L$ 结束。

综上所述，GERT 网络可以仿真许多问题，比如每个部件的可重复使用次数、发动机在回收次数增加时会导致其维修概率下降。因此，经过反复循环迭代，即可研判可重复使用运载火箭的寿命周期。

马斯克 $B_5$ 火箭发射价构成比例约为：一级火箭占 60%；二级火箭占 20%；整流罩占 10%；发射服务费占 10%。同时马斯克宣称：SpaceX 未来将会实现每次发射价 500 万～600 万美元的超低价，合理制定成本参数进行仿真，参数如表 8.3 所示。

表 8.3　成本参数算例数据

| | 阶段 | 各项成本 | 均值/万美元 | 方差/万美元$^2$ |
|---|---|---|---|---|
| 成本分布矩阵 | 发射阶段 | 发射成本 | 350 | 400 |
| | | 发射成功服务成本 | 50 | 20 |
| | | 发射成功后回收成功的成本 | 5 | 10 |
| | | 发射成功后回收失败的成本 | 20 | 10 |
| | | 发射失败的成本 | 30 | 20 |
| | | 发射失败回收成功成本 | 3 | 5 |
| | | 发射失败后回收失败的成本 | 30 | 10 |
| | 维修阶段 | 整流罩的检测成本 | 30 | 50 |
| | | 一级氧化剂箱的检测成本 | 15 | 20 |
| | | 箱间段的检测成本 | 15 | 30 |
| | | 一级燃烧剂箱的检测成本 | 15 | 30 |
| | | 一级发动机的检测成本 | 15 | 30 |
| | | 整流罩的维修成本 | 10 | 20 |
| | | 一级氧化剂箱的维修成本 | 15 | 40 |
| | | 箱间段的维修成本 | 15 | 30 |
| | | 一级燃烧剂箱的维修成本 | 15 | 20 |
| | | 一级发动机的维修成本 | 15 | 30 |

续表

| 阶段 | | 各项成本 | 均值/万美元 | 方差/万美元² |
|---|---|---|---|---|
| 成本分布矩阵 | 维修阶段 | 整流罩的修复成功成本 | 2 | 5 |
| | | 一级氧化剂箱的修复成功成本 | 3 | 4 |
| | | 箱间段的修复成功成本 | 3 | 3 |
| | | 一级燃烧剂箱的修复成功成本 | 3 | 4 |
| | | 一级发动机的修复成功成本 | 3 | 3 |
| | | 整流罩的再生产成本 | 350 | 40 |
| | | 一级氧化剂箱的再生产成本 | 500 | 30 |
| | | 箱间段的再生产成本 | 500 | 20 |
| | | 一级燃烧剂箱的再生产成本 | 500 | 30 |
| | | 一级发动机的再生产成本 | 500 | 15 |
| | 整合与回收准备阶段 | 可回收部件的整合成本 | 10 | 20 |
| | | 其他部件的制造成本 | 700 | 200 |
| | | 回收准备工作成本 | 100 | 80 |

### 8.3.3　仿真结果分析

采用 Matlab 模拟仿真的方法进行 GERT 网络求解。

由图 8.6 可得到达终节点发射失败回收失败的概率为 0.08，发射成功回收失败的概率为 0.92，发射失败不回收、发射成功不回收的概率均为 0，可能的原因是成本参数设置比例存在问题或判断是否值得回收的机制仍存在问题，应该需要进一步更改。

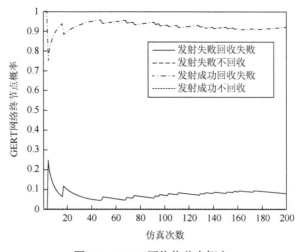

图 8.6　GERT 网络终节点概率

由图 8.7 可以看到大多数回收次数集中于 20 次左右，少部分达到了 50 次以上，其中平均回收次数为 17.73 次。每次模拟的回收次数在初期振荡，100 次之后逐渐收敛。

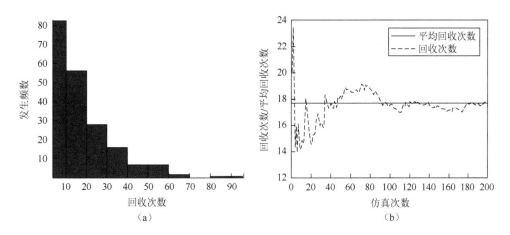

图 8.7　回收次数仿真结果

从图 8.8 中可以看出，针对每次可重复使用运载火箭发射回收周期，单次发射成本为 1500 万~2500 万美元，少部分低于 500 万美元，平均单次发射成本为 2073 万美元。单次发射成本在仿真初期变化较大，仿真后期逐渐收敛，且明显低于不可重复使用运载火箭的单次发射成本。

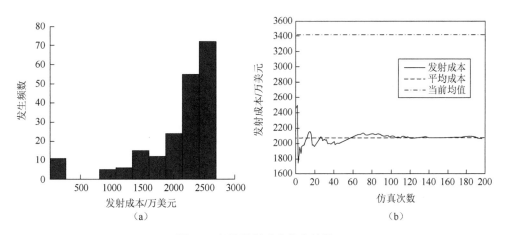

图 8.8　每次发射成本仿真结果

在图 8.9 中可以看到每次模拟的成本和收益，其中收益为使用不可重复使用运载火箭所需的成本期望减去使用可重复使用运载火箭的成本，收益为每次 $2 \times 10^4$ 万美元左右。

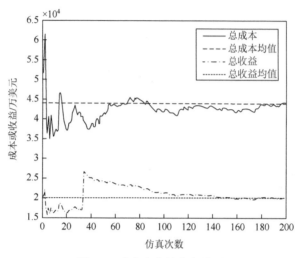

图 8.9　成本和收益仿真结果

　　通过 $C$ 标记可以分析得到某一活动在单生命周期内的实现次数。根据 $C$ 标记，从图 8.10 中可以看到整流罩、一级氧化剂箱、箱间段、一级燃烧剂箱、一级发动机各部件的回收次数。其中，由于整流罩只能回收一次，其往往为回收、再生产交叉进行，因此其回收次数和再生产次数相近。对于其他四个部件，仅是有成本和传递概率的略微不同，都有维修失败概率随次数增长的趋势，因此变化趋势基本相近，回收次数明显高于再生产次数。从图 8.10 中也可明显看出，仿真结果的收敛性良好，均值较为稳定。

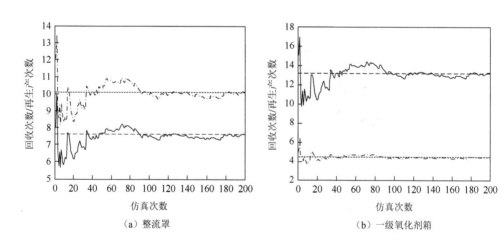

（a）整流罩　　　　　　　　　　　　（b）一级氧化剂箱

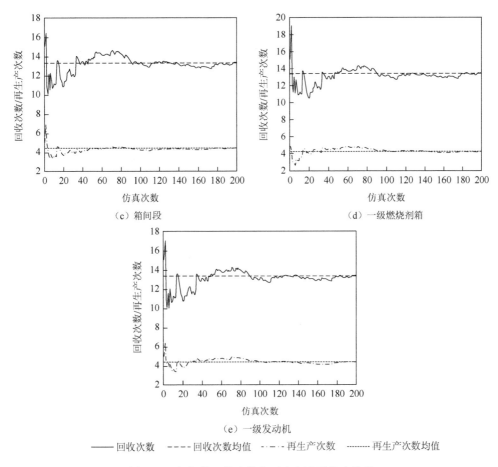

（c）箱间段　　　　　　　　　　　　（d）一级燃烧剂箱

（e）一级发动机

—— 回收次数　　---- 回收次数均值　　·-·- 再生产次数　　········ 再生产次数均值

图 8.10　各部件回收次数和再生产次数仿真结果

　　*Z* 标记可以控制活动在不同次数下的概率及分布，并求出在实现不同次数时的成本。本节统计不同仿真时的成本增长趋势，当成本变为横线时表示运载火箭报废，根据图 8.11 中每次回收迭代的增长成本来看，在回收失败（成本不再增长）前，回收成本近似呈线性增长，线性说明每次回收成本的变化不大。任何活动一经开始执行，其固定费用即全部发生，而变动费用则按费用率随执行时间呈线性增长趋势。这个特征与可重复使用运载火箭各部件在不同修复次数时的修复成本是一致的。因此，也解释了为什么仿真中没有出现放弃回收的终节点。需要注意的是，此曲线往往会根据条件概率和条件成本的改变，发生形状上的变化。

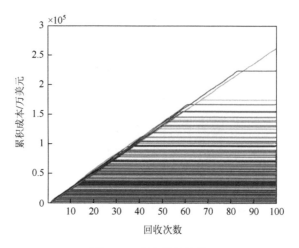

图 8.11　成本增长趋势

# 8.4　本 章 小 结

由于可重复使用运载火箭全过程较为复杂，可重复使用运载火箭进行发射以后，其将以某一种方式进行回收和修复，从而进行再次发射试验。将这类客观系统的动态运行问题看作随时间的状态转移过程，则系统会发生状态的转移。因此，可通过随机网络对该客观系统进行描述。由此，本章以可重复使用运载火箭成本费用估算为基础，从用 GERT 网络描述火箭回收维修的流程出发，从部件级别对成本费用进行估算，构建了可重复使用运载火箭费用 GERT 网络仿真模拟模型，并提出了可重复使用运载火箭 GERT 网络解析算法及 GERTS 拓展方法，最后采用 Matlab 对可重复使用运载火箭的实际案例进行仿真计算和结果分析，为研制及发射方案综合优选提供解决方案。

# 第9章 基于 Grey-ADCR 模型的可重复使用运载火箭综合效能评估

为解决航天型号效能评估缺少装备试验数据和发射实测数据带来的可用度与可信度指标计算困难以及相关参数不确定的问题，本章提出 Grey-ADCR 模型。该模型以 ADC 模型为基础，结合灰色系统理论与可重复使用运载火箭综合效能评价框架结构分析。本章从全寿命周期角度进行航天型号效能评估，以区间灰数表征航天型号的部分基本属性。利用 Q-过程理论，构建灰色矩阵微分方程，求解出 ADCR 模型中的变量 $A$、$D$、$C$，考虑全寿命周期成本对可重复因子 $R$ 进行计算，结合以上 $A$、$D$、$C$ 变量和可重复因子关键指标权重，算法给出了可重复使用运载火箭综合效能动态关系式，实现了贫信息背景下可重复使用运载火箭综合效能评估，为准确评估航天装备执行任务能力、保障任务能力以及完成任务能力等提供了依据。

## 9.1 灰数及灰色 ADC 模型相关定义

**定义 9.1**：将只知道取值范围而不知其确切值的数称为灰数。其中，既有下界 $\underline{a}$，又有上界 $\overline{a}$ 的灰数称为区间灰数，记为 $\otimes \in \left[\underline{a}, \overline{a}\right]$（$\underline{a} < \overline{a}$）。

**定义 9.2**：设灰数 $\otimes \in \left[\underline{a}, \overline{a}\right]$（$\underline{a} < \overline{a}$）为具有取值分布信息的随机灰数，则称 $\widehat{\otimes} = E(\otimes)$ 为灰数 $\otimes$ 的核。

在缺乏灰数 $\otimes$ 取值分布信息的情况下，若 $\otimes$ 为连续灰数，则称 $\widehat{\otimes} = \left(\underline{a} + \overline{a}\right)/2$ 为灰数 $\otimes$ 的核。

**定义 9.3**：设 $\widehat{\otimes}$ 为灰数 $\otimes$ 的核，$g^\circ$ 为灰数的灰度，则称 $\widehat{\otimes}_{(g\cdot)}$ 为灰数的简化形式。

区间灰数的简化形式 $\widehat{\otimes}_{(g\cdot)}$ 包含了区间灰数 $\otimes \in \left[\underline{a}, \overline{a}\right]$（$\underline{a} < \overline{a}$）取值的全部信息。

**定义 9.4**：含有灰参数的 ADC 模型称为灰色 ADC 模型。记灰色 ADC 模型为 $E_\otimes = A_\otimes \cdot D_\otimes \cdot C_\otimes$。

**定义 9.5**：设随机过程 $\{X(t), t \in T\}$，其参数集 $T = \left[0, \infty\right)$，状态空间 $I = \{0, 1, 2, \cdots\}$。若对任意 $n \geqslant 1$ 以及 $0 \leqslant t_1 < t_2 < \cdots < t_n < t_{n+1}$ 和非负整数 $i_1, i_2, \cdots, i_n, i_{n+1}$ 有

$$P\left\{X\left(t_{n+1}\right)=i_{n+1}\middle|X\left(t_1\right)=i_1,\cdots,X\left(t_n\right)=i_n\right\}=P\left\{X\left(t_{n+1}\right)=i_{n+1}\middle|X\left(t_n\right)=i_n\right\}　（9.1）$$

则称 $\{X(t),t\in T\}$ 为一个时间连续状态离散的马尔可夫过程，或时间连续的马尔可夫链，即 Q-过程。

根据定义 9.1、定义 9.2、定义 9.3，本章实现了区间灰数的简化表征；借助区间灰数的简化形式，将区间灰数的运算转化为实数的运算，较好地解决了 $\widehat{\otimes}=\left(\underline{a}+\overline{a}\right)/2$ 运算的难题，实现了灰代数方程、灰色微分方程、灰色矩阵、灰色 ADC 模型的运算与求解。

## 9.2　综合效能模型构建

### 9.2.1　可重复使用运载火箭综合效能评估指标体系

尽管航天型号类型众多、执行任务各异，但是究其全寿命周期，各种型号一般均包括研制需求开发、可行性论证、方案设计、初样研制、正样研制、发射与在轨、报废与回收等环节，其关键活动如图 9.1 所示。

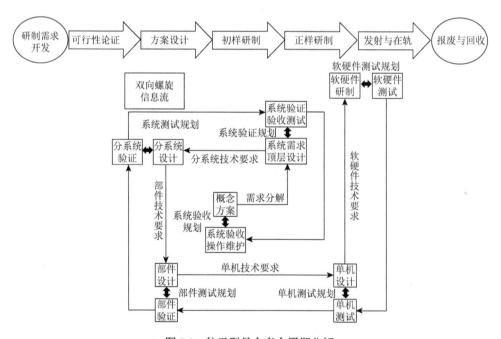

图 9.1　航天型号全寿命周期分解

系统效能是指系统能够满足（或完成）一组特定任务要求的量度。针对我国运载火箭全寿命周期分解，结合美国工业界武器系统效能咨询委员会提出的效能综合评估模型，本章将可重复使用运载火箭的 Grey-ADCR 综合效能评价指标体系分为三级，其中一级指标为可重复使用运载火箭系统固有效能因子等，二级指标包含可用性 $A$、可信性 $D$ 和综合能力 $C$ 等，如表 9.1 所示。

**表 9.1　可重复使用运载火箭的 Grey-ADCR 综合效能评价指标体系**

| 一级指标 | 二级指标 | 三级指标 | 子指标 |
|---|---|---|---|
| 系统固有效能因子 | 可用性 $A$ | 系统完好性 | |
| | | 系统完好状态持续性 | |
| | | 发射可靠性 | |
| | 可信性 $D$ | 各子系统故障状态 | |
| | 综合能力 $C$ | 入轨精度及姿态要求 | |
| | | 抗干扰能力 | |
| | | 运载能力 | |
| | | 是否可回收 | |
| 可重复因子 $R$ | 基本属性 | 起飞质量 | |
| | | 直径 | |
| | | 长度 | |
| | | 起飞推力 | |
| | 全寿命周期成本项 | 研制费用 | 研制论证费用 |
| | | | 工程研制费用 |
| | | | 设计分析费用 |
| | | | 试验费用 |
| | | | 科研管理费用 |
| | | | 不可预见费 |
| | | 制造费用 | |
| | | 维修费用 | 维护费用 |
| | | | 维修的人工成本 |
| | | | 修复更换费用 |
| | | 回收费用 | 箭体结构的回收费用 |
| | | | 箭体结构的运输费用 |
| | | | 箭体结构的检查费用 |

续表

| 一级指标 | 二级指标 | 三级指标 | 子指标 |
|---------|---------|---------|--------|
| 可重复因子 $R$ | 全寿命周期成本项 | 操作费用 | 推进剂费用 |
| | | | 发射前操作费用 |
| | | | 发射场管理费用 |
| | | | 地面技术支持费用 |
| | | 其他费用 | |

### 9.2.2　任务 $M_i$ 的单次发射效能 $E_{i,k}$ 表征

基于 Grey-ADCR 模型 $E_\otimes = A_\otimes \cdot D_\otimes \cdot C_\otimes \cdot R$，我们考虑可重复使用运载火箭在发射和回收任务中的可重复因子对模型进行改进，从而对任务 $M_i$ 的单次发射效能 $E_{i,k}$ 进行表征。

#### 1. 可重复使用运载火箭 PBS 分解

以运载火箭为例，其效能评估主要用于火箭系统的研制与改进、发射场训练管理、航天发射活动。将运载火箭及相应的测试发射保障系统从研制、定型等阶段到最后完成发射任务纳入一个寿命周期的范畴，一套典型的可重复使用运载火箭系统至少应包括飞行控制系统、任务规划与控制系统、运载火箭主系统、回收保障系统、数据通信系统 5 个子系统。可重复使用运载火箭系统 PBS 分解如图 9.2 所示。

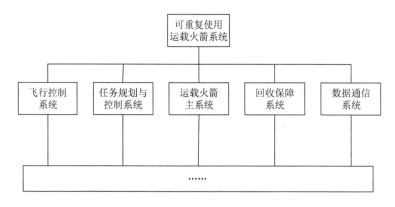

图 9.2　可重复使用运载火箭系统 PBS 分解

可重复使用运载火箭执行任务时，运载火箭中央控制系统、飞行控制系统、任务规划与控制系统、数据通信系统、回收保障系统之间呈串联关系，即其中一个子系统完全故障则整个系统处于故障状态，任务无法继续。在可重复使用背景下，为保证运载火箭回收任务的完成率，一般回收保障系统不止 1 套，在制造和维护成本约束下，本章假设有 2 套回收保障系统（即回收保障系统 1 和回收保障系统 2）共同保障回收阶段的任务执行，即它们之间呈并联关系。可重复使用运载火箭系统可靠性结构如图 9.3 所示。

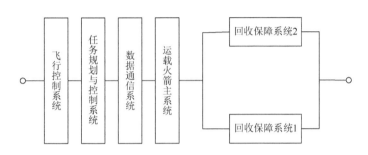

图 9.3　可重复使用运载火箭系统可靠性结构

### 2. 可重复使用运载火箭状态描述

以 $x_1, x_2, x_3, x_4, x_5$ 分别表示飞行控制系统、任务规划与控制系统、数据通信系统、运载火箭主系统、回收保障系统，则可重复使用运载火箭系统由 $x_1, x_2, x_3, x_4$ 以及 2 个 $x_5$ 组成。相对应的各个子系统的失效率（其为服从一般分布的区间灰数）为 $\lambda_{i\otimes}$（$i = 1, 2, 3, 4, 5$），各子系统平均无故障时间 $\mathrm{MTBF}_{i\otimes} = \lambda_{i\otimes}^{-1}$，相对应的各个子系统的修复率（其为服从一般分布的区间灰数）为 $\mu_{i\otimes}$（$i = 1, 2, 3, 4, 5$），各子系统平均修复时间 $\mathrm{MTTR}_{i\otimes} = \mu_{i\otimes}^{-1}$，其中 $\lambda_{i\otimes}, \mu_{i\otimes}$ 处于同一论域 $\Omega = [0, 1]$。

假设每个子系统均只有一个保障团队，则在发射前及执行任务阶段，可重复使用运载火箭系统主要有以下几种状态：①所有子系统均处于正常状态；② 1 套回收保障系统故障，其余子系统均正常；③ 2 套回收保障系统故障，其余子系统均正常；④ $x_1$ 故障，其余正常；⑤ $x_2$ 故障，其余正常；⑥ $x_3$ 故障，其余正常；⑦ $x_4$ 故障，其余正常；⑧ 1 个 $x_5$ 与 $x_1$ 故障，其余正常；⑨ 1 个 $x_5$ 与 $x_2$ 故障，其余正常；⑩ 1 个 $x_5$ 与 $x_3$ 故障，其余正常；⑪ 1 个 $x_5$ 与 $x_4$ 故障，其余正常。

系统状态集为 $\{1, 2, 3, 4, 5, 6, 7, 8, 9, 10, 11\}$，其中，系统工作状态为 $\{1, 2\}$，故障状态为 $\{3, 4, 5, 6, 7, 8, 9, 10, 11\}$。由于可重复使用运载火箭系统运行过程中下一刻所处状态仅与系统目前状态相关，满足式（9.1），根据定义 9.5，该状态空间构成的随机过程为时间连续、状态离散的 Q-过程，记为 $\{X_1(t), t \geq 0\}$，如图 9.4 所示。

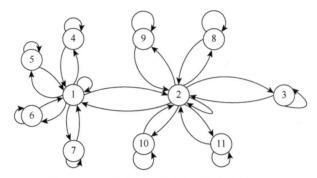

图 9.4　可重复使用运载火箭系统状态转移图

可以算出

$$p_{12\otimes}(\Delta t) = 2\lambda_{5\otimes}\Delta t + o(\Delta t)$$
$$p_{23\otimes}(\Delta t) = \lambda_{5\otimes}\Delta t + o(\Delta t)$$
$$p_{32\otimes}(\Delta t) = p_{21\otimes}(\Delta t) = \mu_{5\otimes}\Delta t + o(\Delta t)$$
$$p_{14\otimes}(\Delta t) = \lambda_{1\otimes}\Delta t + o(\Delta t)$$
$$p_{15\otimes}(\Delta t) = \lambda_{2\otimes}\Delta t + o(\Delta t)$$
$$p_{16\otimes}(\Delta t) = \lambda_{3\otimes}\Delta t + o(\Delta t)$$
$$p_{17\otimes}(\Delta t) = \lambda_{4\otimes}\Delta t + o(\Delta t)$$
$$p_{41\otimes}(\Delta t) = \mu_{1\otimes}\Delta t + o(\Delta t)$$
$$p_{51\otimes}(\Delta t) = \mu_{2\otimes}\Delta t + o(\Delta t)$$
$$p_{61\otimes}(\Delta t) = \mu_{3\otimes}\Delta t + o(\Delta t)$$
$$p_{71\otimes}(\Delta t) = \mu_{4\otimes}\Delta t + o(\Delta t) \tag{9.2}$$

且有

$$p_{ii\otimes} = 1 - \sum_{j\neq i} p_{ij\otimes}, \quad i = 1,2,3,4,5,6,7,8,9,10,11 \tag{9.3}$$

该过程初始时刻状态转移概率矩阵 $\boldsymbol{P}$ 的密度矩阵称为 $\boldsymbol{Q}$ 矩阵，由 $p'(0) \triangleq Q$ 可得

$$\boldsymbol{Q}(\otimes) = \begin{bmatrix} -\Lambda_{1\otimes} & 2\lambda_{5\otimes} & & \lambda_{1\otimes} & \lambda_{2\otimes} & \lambda_{3\otimes} & \lambda_{4\otimes} & & & & \\ \mu_{5\otimes} & -\Lambda_{2\otimes} & \lambda_{5\otimes} & & & & & \lambda_{1\otimes} & \lambda_{2\otimes} & \lambda_{3\otimes} & \lambda_{4\otimes} \\ & \mu_{5\otimes} & -\mu_{5\otimes} & & & & & & & & \\ \mu_{1\otimes} & & & -\mu_{1\otimes} & & & & & & & \\ \mu_{2\otimes} & & & & -\mu_{2\otimes} & & & & & & \\ \mu_{3\otimes} & & & & & -\mu_{3\otimes} & & & & & \\ \mu_{4\otimes} & & & & & & -\mu_{4\otimes} & & & & \\ & \mu_{1\otimes} & & & & & & -\mu_{1\otimes} & & & \\ & \mu_{2\otimes} & & & & & & & -\mu_{2\otimes} & & \\ & \mu_{3\otimes} & & & & & & & & -\mu_{3\otimes} & \\ & \mu_{4\otimes} & & & & & & & & & -\mu_{4\otimes} \end{bmatrix}$$

$$\tag{9.4}$$

其中，$\Lambda_{1\otimes} = 2\lambda_{5\otimes} + \lambda_{1\otimes} + \lambda_{2\otimes} + \lambda_{3\otimes} + \lambda_{4\otimes}$；$\Lambda_{2\otimes} = \lambda_{5\otimes} + \lambda_{1\otimes} + \lambda_{2\otimes} + \lambda_{3\otimes} + \lambda_{4\otimes} + \mu_{5\otimes}$。

**定理 9.1**：对于时间连续状态有限的齐次马氏过程 $\{X(t), t \geq 0\}$，状态空间 $I = \{1, 2, \cdots, k\}$，若过程是遍历的，则极限分布 $\{\pi_j\}$ 存在且满足

$$\boldsymbol{Q}^{\mathrm{T}} \pi = 0 \tag{9.5}$$

$\lim\limits_{t \to \infty} p_{ij}(t) = \pi_j$（$i, j \in I$）。

式（9.5）通常称为过程的平衡方程组，$\{\pi_j\}$ 称为稳态解。鉴于证明过程烦琐且该定理已经在随机过程中得到完全证明，这里不再证明。

**定理 9.2**：马氏过程是遍历的，即存在稳态解。

证明：

$$\boldsymbol{P}_{\otimes}^4 = \boldsymbol{P}_{\otimes}^2 \cdot \boldsymbol{P}_{\otimes}^2 = \begin{bmatrix} p_{11\otimes}^2 & x & x & x & x & x & x & x & x & x & x \\ x & x & x & x & x & x & x & x & x & x & x \\ x & x & x & 0 & 0 & 0 & 0 & x & x & x & x \\ x & x & 0 & x & x & x & x & 0 & 0 & 0 & 0 \\ x & x & 0 & x & x & x & x & 0 & 0 & 0 & 0 \\ x & x & 0 & x & x & x & x & 0 & 0 & 0 & 0 \\ x & x & 0 & x & x & x & x & 0 & 0 & 0 & 0 \\ x & x & 0 & 0 & 0 & 0 & 0 & x & x & x & x \\ x & x & 0 & 0 & 0 & 0 & 0 & x & x & x & x \\ x & x & 0 & 0 & 0 & 0 & 0 & x & x & x & x \\ x & x & 0 & 0 & 0 & 0 & 0 & x & x & x & x \end{bmatrix}^2 \tag{9.6}$$

由于 $0 < p_{ij}(t) < 1$（$i, j \in X$），所以式（9.6）中 $x$ 均大于 0，则四步转移概率矩阵中的元素均大于 0，因此该链具有遍历性。结合定理 9.1、定理 9.2 可知马氏过程 $\{X_1(t), t \geq 0\}$ 稳态解存在。

### 9.2.3　可用性 $A$ 的计算

可重复使用运载火箭可用性可表示为可重复使用运载火箭系统稳态时以良好状态执行任务的概率，反映了可重复使用运载火箭的使用准备程度[13]。可重复使用运载火箭系统可用性与系统的可靠性、维修性、质量水平以及备件供应水平等因素有关。

为求解可重复使用运载火箭系统稳态时的可用性，可通过 Q-过程的平衡方程组得到系统稳态时处于 11 种可能状态的概率，则其中工作状态{1,2}的概率之和为系统的可用性。可重复使用运载火箭 Q-过程 $\{X_1(t), t \geq 0\}$ 的平衡方程组如下：

$$\begin{cases} \boldsymbol{\pi} \cdot \boldsymbol{Q}(\otimes) = 0 \\ \sum_{i=1}^{11} \pi_i = 1 \end{cases} \tag{9.7}$$

其中，$\pi_i$ 为系统稳态时处于状态 $i$ 的概率。

解式（9.7）得到

$$\begin{cases} \pi_{1\otimes} = \left( \sum_{j=0}^{2} A_2^j \left( \frac{\lambda_{5\otimes}}{\mu_{5\otimes}} \right)^j + \sum_{i=1}^{4} \frac{\lambda_{i\otimes}}{\mu_{i\otimes}} + \sum_{i=1}^{4} \frac{\lambda_{i\otimes}}{\mu_{i\otimes}} \frac{2\lambda_{5\otimes}}{\mu_{5\otimes}} \right)^{-1} \\ \pi_{2\otimes} = \frac{2\lambda_{5\otimes}}{\mu_{5\otimes}} \pi_{1\otimes} \end{cases} \tag{9.8}$$

则可重复使用运载火箭的可用性为

$$A_\otimes = \left( \frac{2\lambda_{5\otimes}}{\mu_{5\otimes}} + 1 \right) \left( \sum_{j=0}^{2} A_2^j \left( \frac{\lambda_{5\otimes}}{\mu_{5\otimes}} \right)^j + \sum_{i=1}^{4} \frac{\lambda_{i\otimes}}{\mu_{i\otimes}} + \sum_{i=1}^{4} \frac{\lambda_{i\otimes}}{\mu_{i\otimes}} \frac{2\lambda_{5\otimes}}{\mu_{5\otimes}} \right)^{-1} \tag{9.9}$$

### 9.2.4　可信性 $D$ 的计算

可重复使用运载火箭可信性可表示为可重复使用运载火箭在系统可用性确定条件下，任一随机时间点能够执行规定任务的概率。假设系统在任务执行过程中处于工作状态即可执行规定任务。可信性在概念上与可靠性相同。系统可信性是任务时间的函数，可重复使用运载火箭系统的可信性为系统在任务执行过程中一直处于工作状态{1,2}的概率之和。

为求解可重复使用运载火箭系统执行任务过程的可信性，可利用马氏过程的Kolmogorov（柯尔莫哥洛夫）前进方程得到系统在任务执行过程中处于工作状态的概率。Kolmogorov 前进方程如下：

$$p'(t) = p(t)\boldsymbol{Q}(\otimes) \tag{9.10}$$

为减少计算量，这里只求系统在任务时刻处于工作状态的概率。将 $\boldsymbol{Q}$ 矩阵分成四块，即 $\begin{bmatrix} \boldsymbol{B}(\otimes) & \boldsymbol{C}(\otimes) \\ \boldsymbol{D}(\otimes) & \boldsymbol{E}(\otimes) \end{bmatrix}$，其中 $\boldsymbol{B}(\otimes)$ 为 2 个非吸收态（工作状态）之间相互转移的概率速率矩阵。结合 Kolmogorov 前进方程可知 $p'_w(t) = p_w(t)\boldsymbol{B}(\otimes)$，其中，$p_w(t)$ 为系统工作状态下完成规定任务的概率，因此可得方程组

$$\begin{cases} p'_{1\otimes}(t) = -\Lambda_{1\otimes} p_{1\otimes}(t) + \mu_{5\otimes} p_{2\otimes}(t) \\ p'_{2\otimes}(t) = 2\lambda_{5\otimes} p_{1\otimes}(t) - \Lambda_{2\otimes} p_{2\otimes}(t) \end{cases} \tag{9.11}$$

假设任务开始状态时所有子系统均处于正常工作状态，即 $p_1(0)=1$、$p_2(0)=0$，为求解式（9.11），将其进行拉氏变换并求解，可得系统在执行任务过程中一直处于工作状态 $\{1, 2\}$ 的概率 $p_{1\otimes}(t), p_{2\otimes}(t)$：

$$
\begin{cases}
p_{1\otimes}(t) = \mathrm{e}^{-\frac{\Lambda_{1\otimes}+\Lambda_{2\otimes}}{2}t} ch\sqrt{2\lambda_{5\otimes}\mu_{5\otimes}+\left(\dfrac{\Lambda_{1\otimes}+\Lambda_{2\otimes}}{2}\right)^2-\Lambda_{1\otimes}\Lambda_{2\otimes}} \times t \\[4mm]
\qquad + \dfrac{\Lambda_{2\otimes}-\Lambda_{1\otimes}}{2}\mathrm{e}^{-\frac{\Lambda_{1\otimes}+\Lambda_{2\otimes}}{2}t}\times\left(\sqrt{2\lambda_{5\otimes}\mu_{5\otimes}+\left(\dfrac{\Lambda_{1\otimes}+\Lambda_{2\otimes}}{2}\right)^2-\Lambda_{1\otimes}\Lambda_{2\otimes}}\right)^{-1} \\[4mm]
\qquad \times sh\sqrt{2\lambda_{5\otimes}\mu_{5\otimes}+\left(\dfrac{\Lambda_{1\otimes}+\Lambda_{2\otimes}}{2}\right)^2-\Lambda_{1\otimes}\Lambda_{2\otimes}}\times t \\[4mm]
p_{2\otimes}(t) = 2\lambda_{5\otimes}\mathrm{e}^{-\frac{\Lambda_{1\otimes}+\Lambda_{2\otimes}}{2}t}\left(\sqrt{2\lambda_{5\otimes}\mu_{5\otimes}+\left(\dfrac{\Lambda_{1\otimes}+\Lambda_{2\otimes}}{2}\right)^2-\Lambda_{1\otimes}\Lambda_{2\otimes}}\right)^{-1} \\[4mm]
\qquad \times sh\sqrt{2\lambda_{5\otimes}\mu_{5\otimes}+\left(\dfrac{\Lambda_{1\otimes}+\Lambda_{2\otimes}}{2}\right)^2-\Lambda_{1\otimes}\Lambda_{2\otimes}}\times t
\end{cases}
\tag{9.12}
$$

则可重复使用运载火箭系统可信性为

$$
\begin{aligned}
D_\otimes &= p_{1\otimes}(t)+p_{2\otimes}(t) \\
&= \mathrm{e}^{-\frac{\Lambda_{1\otimes}+\Lambda_{2\otimes}}{2}t}ch\sqrt{2\lambda_{5\otimes}\mu_{5\otimes}+\left(\dfrac{\Lambda_{1\otimes}+\Lambda_{2\otimes}}{2}\right)^2-\Lambda_{1\otimes}\Lambda_{2\otimes}}\times t \\
&\quad + \dfrac{\Lambda_{2\otimes}-\Lambda_{1\otimes}}{2}\mathrm{e}^{-\frac{\Lambda_{1\otimes}+\Lambda_{2\otimes}}{2}t}\times\left(\sqrt{2\lambda_{5\otimes}\mu_{5\otimes}+\left(\dfrac{\Lambda_{1\otimes}+\Lambda_{2\otimes}}{2}\right)^2-\Lambda_{1\otimes}\Lambda_{2\otimes}}\right)^{-1} \\
&\quad \times sh\sqrt{2\lambda_{5\otimes}\mu_{5\otimes}+\left(\dfrac{\Lambda_{1\otimes}+\Lambda_{2\otimes}}{2}\right)^2-\Lambda_{1\otimes}\Lambda_{2\otimes}}\times t \\
&\quad + 2\lambda_{5\otimes}\mathrm{e}^{-\frac{\Lambda_{1\otimes}+\Lambda_{2\otimes}}{2}t}\left(\sqrt{2\lambda_{5\otimes}\mu_{5\otimes}+\left(\dfrac{\Lambda_{1\otimes}+\Lambda_{2\otimes}}{2}\right)^2-\Lambda_{1\otimes}\Lambda_{2\otimes}}\right)^{-1} \\
&\quad \times sh\sqrt{2\lambda_{5\otimes}\mu_{5\otimes}+\left(\dfrac{\Lambda_{1\otimes}+\Lambda_{2\otimes}}{2}\right)^2-\Lambda_{1\otimes}\Lambda_{2\otimes}}\times t
\end{aligned}
\tag{9.13}
$$

## 9.2.5　综合能力 $C$ 的计算

航天型号效能评估与全寿命周期相关，具体而言，研制需求开发是型号任务的具象化表达，决定了效能的任务约束剖面；方案设计与研制则决定了型号的整体技术水平，从根本上决定型号能力；发射与在轨则代表了型号执行任务阶段的动态影响。按照航天型号执行任务的特点，根据航天型号完成任务的阶段，航天型号综合效能包括发射前可靠性、发射过程的可信性和综合完成任务的能力。进一步定义，可用性 $A$ 是航天型号在执行任务开始时刻可用性的度量，反映型号为完成任务的准备程度，一般而言，系统的可能状态由各子系统的工作状态与故障状态组合而成，可用性与航天型号的总体可靠性水平有关。可信性 $D$ 表示航天型号在完成任务过程中完成规定任务的概率，与系统的工作状态数量相关，用可信性矩阵表征，任务可信性直接取决于可靠性和使用过程的修复性，也与执行任务人员的素质有关，能力矩阵表示型号运行或执行任务的能力，是在系统处于可用及可信状态下能达到任务目标的概率。以运载火箭为例，按照多指标综合评价法中关于层次分析模型的划分与基本指标的设置原则，运载火箭发射过程中的综合能力 $C$ 作为层次分析的目标层，将四个组成要素即系统 $i$ 完好性、体系完好状态持续性、发射窗口适应用性、发射可靠性作为层次分析模型的准则层，以下依次为基本指标层，如图 9.5 所示。

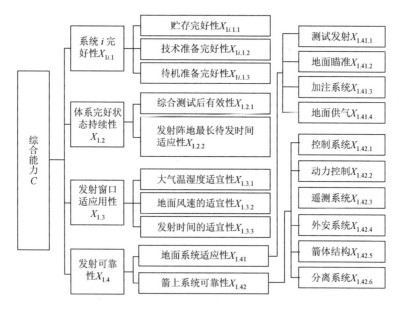

图 9.5　综合能力 $C$ 的基本影响因素

　　可重复使用运载火箭的综合能力 $C$ 可表示为在规定条件下完成发射以及回收任务的能力，可用运载火箭在执行回收任务过程中识别区域、识别目标空域并准确到达指定空域、传输有用信息的概率表征，即

$$C = P_E \cdot P_{TR} \cdot P_K \tag{9.14}$$

其中，$P_E$ 为运载火箭识别区域的概率；$P_{TR}$ 为运载火箭识别目标空域并准确到达指定空域的概率；$P_K$ 为运载火箭在执行任务中传输有用信息的概率。

1）$P_E$

运载火箭识别区域的概率取决于轨道覆盖区域面积、干扰信号源密度、真实轨道分布情况等综合因素，记为 $P_E$。无信息背景下，合理假设真实信号源均匀分布在指定区域中。记 $A_S$ 为轨道覆盖区域，$\Delta A$ 为单位时间运载火箭识别轨道信号的增量。记事件 $N$ 为运载火箭在 $A$ 区域未受干扰，根据搜索理论，运载火箭在 $A$ 区域承受干扰的概率 $P(\overline{N}) = 1 - \mathrm{e}^{-P_{FTR}\eta A}$，其中，$\eta$ 为干扰信号源密度，$P_{FTR}$ 为运载火箭接受干扰信号源，识别结果却为真实信号的概率，可称 $\alpha = P_{FTR}\eta$ 为误识别率，则 $P(N) = 1 - P(\overline{N}) = \mathrm{e}^{-P_{FTR}\eta A}$，整个轨道覆盖区域上识别准确目标信号源的概率为

$$P_E(A_S) = \int_0^{A_S} \frac{\mathrm{e}^{-\alpha A}}{A_S} \mathrm{d}A = \frac{1 - \mathrm{e}^{-\alpha A_S}}{\alpha A_S} \tag{9.15}$$

2）$P_{TR}$

运载火箭识别目标空域并准确到达指定空域的概率体现了运载火箭回收阶段到达目标空域的能力，记为 $P_{TR}$。记事件 $D$ 为发现正确目标空域，事件 $B$ 为到达目标空域，则 $P_{TR} = P(B/D)$，同时，到达目标空域的概率为 $\gamma$，$\gamma$ 取决于运载火箭飞行控制系统的性能，即 $P(B) = \gamma$。由于 $\eta$ 表示干扰信号源密度，则 $P(\overline{D}) = \eta$。根据全概率公式，运载火箭遭遇的目标为虚假目标，而且识别结果为真实目标的概率：

$$P_{FTR} = P(B/\overline{D}) = \frac{\gamma - P_{TR}(1-\eta)}{\eta} \tag{9.16}$$

则虚假目标识别率：

$$\alpha = \eta P_{FTR} = \gamma - P_{TR}(1-\eta) \tag{9.17}$$

3）$P_K$

运载火箭在执行任务中传输有用信息的概率体现了运载火箭的数据链路系统成功传输有用信息的准确性与及时性，记为 $P_K$。

4）综合能力 $C$ 的计算

本章假设 2 套回收保障系统在执行任务过程中不进行信息共享，各自独立执行任务。系统任务成功的情形有：①状态 1 下，1 套回收保障系统识别成功或者 2 套回收保障系统同时识别成功；②状态 2 下，1 套回收保障系统识别成功。综合能力 $C$ 为

$$C_\otimes = C_1 p_{1\otimes}(t) + C_2 p_{2\otimes}(t) \tag{9.18}$$

其中，$p_{1\otimes}(t)$、$p_{2\otimes}(t)$ 为系统处于状态 1、2 的概率；$C_1$、$C_2$ 为运载火箭系统在

状态 1、2 下回收成功的概率。

（1）系统处于状态 1 时，记 1 套回收保障系统识别成功为事件 $E$，2 套回收保障系统识别成功为事件 $F$。

由搜索理论可知，运载火箭在轨道覆盖空域发现降落目标空域的概率为 $P(\overline{N}) = 1 - \mathrm{e}^{-P_{\mathrm{FTR}}\eta A}$，则 2 套回收保障系统同时工作时，1 套回收保障系统搜索到虚假目标的概率为 $P_{\mathrm{FTA}} = 1 - C_2^1 \mathrm{e}^{-\alpha A}(1 - \mathrm{e}^{-\alpha A})$，则整个区域 $A_S$ 上，1 套回收保障系统发现目标的概率为

$$P_E^1(A_S) = \int_0^{A_S} \frac{P_{\mathrm{FTA}}}{A_S} = \int_0^{A_S} \frac{2\mathrm{e}^{-\alpha A}(1 - \mathrm{e}^{-\alpha A_S})}{A_S} \mathrm{d}A = \frac{1 + \mathrm{e}^{-2\alpha A_S} - 2\mathrm{e}^{-\alpha A_S}}{\alpha A_S} \quad (9.19)$$

则系统处于状态 1 时，根据式（9.14），1 套回收保障系统回收成功的概率为

$$P(E) = P_{\mathrm{TR}} P_K \frac{1 + \mathrm{e}^{-2\alpha A_S} - 2\mathrm{e}^{-\alpha A_S}}{\alpha A_S} \quad (9.20)$$

同理可以计算，系统处于状态 1 时，2 套回收保障系统回收成功的概率为

$$P(F) = P_{\mathrm{TR}} P_K (2 - P_{\mathrm{TR}} P_K) \frac{1 - \mathrm{e}^{-2\alpha A_S}}{2\alpha A_S} = \left(1 - (1 - P_{\mathrm{TR}} P_K)^2\right) \frac{1 - \mathrm{e}^{-2\alpha A_S}}{2\alpha A_S} \quad (9.21)$$

则运载火箭系统在状态 1 下，回收任务成功完成的概率为

$$C_1 = P_{\mathrm{TR}} P_K (2 - P_{\mathrm{TR}} P_K)(1 - \mathrm{e}^{-2\alpha A_S}) \big/ 2\alpha A_S + P_{\mathrm{TR}} P_K (1 + \mathrm{e}^{-2\alpha A_S} - 2\mathrm{e}^{-2\alpha A_S}) \big/ \alpha A_S \quad (9.22)$$

（2）系统处于状态 2 时，仅有 1 套回收保障系统处于正常工作状态，则根据式（9.14）、式（9.15），回收任务成功完成的概率为

$$C_2 = P_{\mathrm{TR}} P_K (1 - \mathrm{e}^{-\alpha A_S}) \big/ \alpha A_S \quad (9.23)$$

结合式（9.12）、式（9.18）、式（9.22）、式（9.23），可得运载火箭系统的综合能力为

$$C_\otimes = \begin{bmatrix} P_{\mathrm{TR}} P_K (2 - P_{\mathrm{TR}} P_K)(1 - \mathrm{e}^{-2\alpha A_S}) \big/ 2\alpha A_S \\ + P_{\mathrm{TR}} P_K (1 + \mathrm{e}^{-2\alpha A_S} - 2\mathrm{e}^{-\alpha A_S}) \big/ \alpha A_S \end{bmatrix} \cdot p_{1\otimes}(t)$$
$$+ \left[ P_{\mathrm{TR}} P_K (1 - \mathrm{e}^{-\alpha A_S}) \big/ \alpha A_S \right] \cdot p_{2\otimes}(t) \quad (9.24)$$

其中，$p_{1\otimes}(t)$、$p_{2\otimes}(t)$ 为运载火箭系统在执行任务过程中一直处于工作状态$\{1, 2\}$的概率，如式（9.12）所示。

### 9.2.6 可重复因子 $R$ 的计算

1）基本属性指标

基本属性指标主要考虑可重复使用运载火箭基本性能指标对综合效能的影

响、型号、参数、使用方式对应着不同的发射需求。依据已建好的指标体系，利用层次分析法求出起飞质量、直径、长度、起飞推力 4 个指标的权重，通过专家打分法或者系统已有评定标准等方式获取末端指标的数值（百分制），最后采取加权求和的方式求出最终值，计算模型为

$$B = \sum_{i=1}^{4} (t_i / 100) \tag{9.25}$$

其中，$t_i$ 为基本属性下层指标权重。基本属性的指标结构如图 9.6 所示。

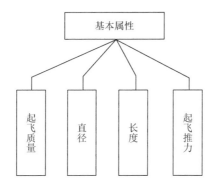

图 9.6　基本属性的指标结构

2）全寿命周期成本项指标

可重复使用运载火箭的一大优势就是发射成本降低。应从全寿命周期成本项出发综合考虑各个阶段产生的费用，包括研制费用、制造费用、维修费用、回收费用、操作费用、其他费用。其中，研制费用包括研制论证费用、工程研制费用、设计分析费用、试验费用、科研管理费用、不可预见费；维修费用包括维护费用、维修的人工成本、修复更换费用；回收费用包括箭体结构的回收费用、箭体结构的运输费用、箭体结构的检查费用；操作费用包括推进剂费用、发射前操作费用、发射场管理费用、地面技术支持费用。各级指标权重仍用层次分析法获得，末端指标的数值通过财务系统对阶段性数据的分析获得，由于费用数值一般较大且差异明显，采用与总费用的比值作为最终末端指标的数值，取值范围为 0～1。计算模型为

$$H = \sum_{i=1}^{6} v_i \sum_{j=1}^{n} v_{ij} h_{ij} \tag{9.26}$$

其中，$v_i$ 为全寿命周期成本项下层指标权重；$v_{ij}$ 为子指标权重；$h_{ij}$ 为末端指标数值。全寿命周期成本项的指标结构如图 9.7 所示。

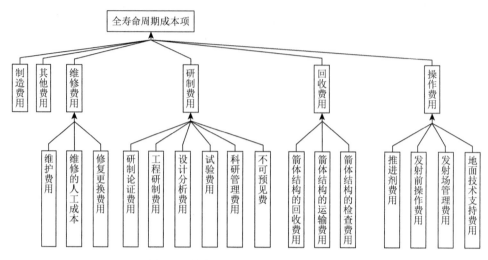

图9.7　全寿命周期成本项的指标结构

# 9.3　案　例　分　析

## 9.3.1　案例背景

现以某型号可重复使用运载火箭系统为例，采用其子系统与部件的历史数据以及部分实验数据，运用 Grey-ADCR 模型评估系统综合效能。可重复使用运载火箭组件性能数据见表9.2，可重复使用运载火箭子系统可靠性数据见表9.3。轨道覆盖区域面积 $A_S = 100$ 千米$^2$，干扰信号源密度 $\eta = 0.01$，回收任务持续时间为4分钟。

表 9.2　可重复使用运载火箭组件性能数据

| 变量 | 回收保障系统 | 数据通信系统 |
|---|---|---|
| $\gamma$ | 0.95 | |
| $P_{TR}$ | 0.95 | |
| $P_K$ | | 0.9 |

表 9.3　可重复使用运载火箭子系统可靠性数据

| 飞行控制系统 | 任务规划与控制系统 | 数据通信系统 | 回收保障系统 | 运载火箭 |
|---|---|---|---|---|
| [100, 110] | [115, 130] | [180, 220] | [75, 82] | [1 020, 1 200] |
| [10, 15] | [12, 18] | [15, 18] | [5, 9] | [21, 29] |
| [0.009 1, 0.01] | [0.007 7, 0.008 7] | [0.004 6, 0.005 6] | [0.012, 0.013] | [0.000 83, 0.000 98] |
| [0.067, 0.10] | [0.056, 0.083] | [0.056, 0.067] | [0.11, 0.2] | [0.034, 0.048] |

续表

| 飞行控制系统 | 任务规划与控制系统 | 数据通信系统 | 回收保障系统 | 运载火箭 |
|---|---|---|---|---|
| 区间灰数简化形式的核 | | | | |
| 0.009 6 | 0.008 2 | 0.005 1 | 0.012 5 | 0.000 91 |
| 0.083 5 | 0.069 5 | 0.061 5 | 0.155 | 0.041 |

由于可重复使用运载火箭系统研发阶段缺少整体试验和运行数据，如可重复使用运载火箭系统失效率、修复率，因此采用可重复使用运载火箭系统失效率、修复率等此类整体试验和运行数据构造 ADC 模型的可用性与可信性较为困难，同时研发阶段数据不充分为效能评估所需参数带来不确定性。考虑到可重复使用运载火箭系统组成结构大抵相同，且在技术上有大量相互借鉴的地方，因此采用一些成熟型号的可重复使用运载火箭子系统的历史数据以及该型号可重复使用运载火箭已有的研发试验数据作为该型号可重复使用运载火箭系统效能评估的依据，同时以区间灰数表征不确定性参数。本章运用 PBS 技术将可重复使用运载火箭系统分解到子系统层级，以子系统的状态组合表征可重复使用运载火箭系统运行过程中的状态，以 Q-过程刻画可重复使用运载火箭运行过程中的状态转移过程，基于此构造可重复使用运载火箭系统效能评估指标（可用性、可信性、综合能力），提出了 Grey-ADCR 效能评估模型，克服了可重复使用运载火箭因为研发阶段系统效能评估缺少装备试验和运行数据带来的构造 ADC 模型指标可用性与可信性的困难，解决了失效率、修复率等参数不确定的问题。

基于层次分析法对上述可重复因子各个指标权重进行处理，得到权重和对应分值，如表 9.4 所示。

**表 9.4　可重复因子各个指标权重和对应分值**

| 一级指标 | 二级指标 | 三级指标 | 子指标 |
|---|---|---|---|
| 可重复因子 | 基本属性（0.5） | 起飞质量（0.0706）[80] | |
| | | 直径（0.1163）[86] | |
| | | 长度（0.1163）[82] | |
| | | 起飞推力（0.1986）[90] | |
| | 全寿命周期成本项（0.5） | 研制费用（0.0398） | 研制论证费用（0.004）[0.05] |
| | | | 工程研制费用（0.0049）[0.25] |
| | | | 设计分析费用（0.011）[0.05] |
| | | | 试验费用（0.0025）[0.01] |
| | | | 科研管理费用（0.0107）[0.01] |
| | | | 不可预见费（0.0067）[0.02] |

| 一级指标 | 二级指标 | 三级指标 | 子指标 |
|---|---|---|---|
| 可重复因子 | 全寿命周期成本项（0.5） | 制造费用（0.054）[0.15] | |
| | | 维修费用（0.1923） | 维护费用（0.0908）[0.01] |
| | | | 维修的人工成本（0.0291）[0.03] |
| | | | 修复更换费用（0.0724）[0.02] |
| | | 回收费用（0.0759） | 箭体结构的回收费用（0.0456）[0.1] |
| | | | 箭体结构的运输费用（0.0152）[0.04] |
| | | | 箭体结构的检查费用（0.0152）[0.06] |
| | | 操作费用（0.0876） | 推进剂费用（0.0186）[0.05] |
| | | | 发射前操作费用（0.0094）[0.01] |
| | | | 发射场管理费用（0.0388）[0.01] |
| | | | 地面技术支持费用（0.0208）[0.05] |
| | | 其他费用（0.0504）[0.08] | |

### 9.3.2　失效率、修复率函数关系分析讨论

1）函数表征

结合式（9.9）、式（9.13）、式（9.24）、式（9.25）和式（9.26）可知系统效能为

$$E_\otimes = A_\otimes \times D_\otimes \times C_\otimes \times R$$

$$= \left(\frac{2\lambda_{5\otimes}}{\mu_{5\otimes}}+1\right)\left(\sum_{j=0}^{2} A_2^j\left(\frac{\lambda_{5\otimes}}{\mu_{5\otimes}}\right)^j + \sum_{i=1}^{4}\frac{\lambda_{i\otimes}}{\mu_{i\otimes}} + \sum_{i=1}^{4}\frac{\lambda_{i\otimes}}{\mu_{i\otimes}}\frac{2\lambda_{5\otimes}}{\mu_{5\otimes}}\right)^{-1}$$

$$\times\left[\begin{array}{l} e^{\frac{\Lambda_{1\otimes}+\Lambda_{2\otimes}}{2}t}ch\sqrt{2\lambda_{5\otimes}\mu_{5\otimes}+\left(\frac{\Lambda_{1\otimes}+\Lambda_{2\otimes}}{2}\right)^2-\Lambda_{1\otimes}\Lambda_{2\otimes}}\times t \\ +\left(\frac{\Lambda_{2\otimes}-\Lambda_{1\otimes}}{2}+2\lambda_{5\otimes}\right)e^{\frac{\Lambda_{1\otimes}+\Lambda_{2\otimes}}{2}t}\times\left(\sqrt{2\lambda_{5\otimes}\mu_{5\otimes}+\left(\frac{\Lambda_{1\otimes}+\Lambda_{2\otimes}}{2}\right)^2-\Lambda_{1\otimes}\Lambda_{2\otimes}}\right)^{-1} \end{array}\right]$$

$$\times\left[\begin{array}{l} P_{TR}P_K(2-P_{TR}P_K)(1-e^{-2\alpha A_S})/2\alpha A_S+ \\ P_{TR}P_K(1+e^{-2\alpha A_S}-2e^{-\alpha A_S})/\alpha A_S \end{array}\right]\times p_{1\otimes}(t)+\left[P_{TR}P_K(1-e^{-\alpha A_S})/\alpha A_S\right]\times p_{2\otimes}(t)$$

$$\times\left[\sum_{i=1}^{4}(t_i/100)\right]\times\left[\sum_{i=1}^{6}v_i\sum_{j=1}^{n}v_{ij}h_{ij}\right] \tag{9.27}$$

比较系统各组成部分对系统整体效能的影响程度，子系统 $x_1, x_2, x_3, x_4$ 在系统中处于等价位置，即它们对系统效能的影响程度等价，本章以 $x_2$ 和 $x_5$ 为例分析可重复使用运载火箭系统效能与子系统的失效率 $\lambda$ 和修复率 $\mu$ 之间的函数关系：

$$E_{\otimes}(\lambda_{2\otimes}) = 0.8035 \times 0.215\,302 \times 0.006\,715(1.3391 + 12.5042\lambda_{2\otimes})^{-1} e^{-0.3821 - 8\lambda_{2\otimes}}$$
$$= (0.001\,555\,58 + 0.014\lambda_{2\otimes})^{-1} e^{-0.3821 - 8\lambda_{2\otimes}} \tag{9.28}$$

$$E_{\otimes}(\lambda_{5\otimes}) = (0.001\,445\,75 + 0.070\,523\,827\lambda_{5\otimes})(1.3959 + 68.09\lambda_{5\otimes} + 1189.77\lambda_{5\otimes}^2)^{-1}$$

$$\times \left[ \begin{array}{l} e^{-6\lambda_{5\otimes} - 0.2234} ch4(0.25\lambda_{5\otimes}^2 + 0.0694\lambda_{5\otimes} + 0.000\,72)^{\frac{1}{2}} + (0.0205 + 1.5) \\ \times (0.25\lambda_{5\otimes}^2 + 0.0694\lambda_{5\otimes} + 0.000\,72)^{\frac{1}{2}} \times sh4(0.25\lambda_{5\otimes}^2 + 0.0694\lambda_{5\otimes} + 0.000\,72)^{\frac{1}{2}} \end{array} \right]$$

$$\times \left[ \begin{array}{l} 0.7339 \left( \begin{array}{l} e^{-6\lambda_{5\otimes} - 0.2234} ch4(0.25\lambda_{5\otimes}^2 + 0.0694\lambda_{5\otimes} + 0.000\,72)^{\frac{1}{2}} + e^{-6\lambda_{5\otimes} - 0.2234}(0.0205 - 0.5\lambda_{5\otimes}) \\ \times (0.25\lambda_{5\otimes}^2 + 0.0694\lambda_{5\otimes} + 0.000\,72)^{\frac{1}{2}} \times sh4(0.25\lambda_{5\otimes}^2 + 0.0694\lambda_{5\otimes} + 0.000\,72)^{\frac{1}{2}} \end{array} \right) \\ + 1.1038\lambda_{5\otimes} e^{-6\lambda_{5\otimes} - 0.2234} \times (0.25\lambda_{5\otimes}^2 + 0.0694\lambda_{5\otimes} + 0.000\,72)^{\frac{1}{2}} \\ \times sh4(0.25\lambda_{5\otimes}^2 + 0.0694\lambda_{5\otimes} + 0.000\,72)^{\frac{1}{2}} \end{array} \right] \tag{9.29}$$

$$E_{\otimes}(\mu_{2\otimes}) = (0.001\,116\,302 + 0.000\,008\,144\,479\mu_{2\otimes}^{-1})^{-1} \tag{9.30}$$

$$E_{\otimes}(\mu_{5\otimes}) = 0.215\,302 \times 0.006\,715 \times (0.001\,81\mu_{5\otimes}^{-1} + 1)(0.000\,002\mu_{5\otimes}^{-2} + 0.002\,53\mu_{5\otimes}^{-1} + 1.3959)^{-1}$$

$$\times \left[ \begin{array}{l} e^{-2\mu_{5\otimes} - 0.1468} ch(4\mu_{5\otimes}^2 + 0.5567\mu_{5\otimes})^{\frac{1}{2}} + (0.5\mu_{5\otimes} + 0.001\,36)^{e^{-2\mu_{5\otimes} - 0.1468}} \\ \times (0.0348\mu_{5\otimes} + 0.25\mu_{5\otimes}^2)^{-\frac{1}{2}} \times sh(4\mu_{5\otimes}^2 + 0.5567\mu_{5\otimes})^{\frac{1}{2}} \end{array} \right]$$

$$\times \left[ \begin{array}{l} 0.7339 \left( \begin{array}{l} e^{-2\mu_{5\otimes} - 0.1468} ch(4\mu_{5\otimes}^2 + 0.5567\mu_{5\otimes})^{\frac{1}{2}} + (0.5\mu_{5\otimes} + 0.001\,36)^{e^{-2\mu_{5\otimes} - 0.1468}} \\ \times (0.0348\mu_{5\otimes} + 0.25\mu_{5\otimes}^2)^{-\frac{1}{2}} \times sh(4\mu_{5\otimes}^2 + 0.5567\mu_{5\otimes})^{\frac{1}{2}} \end{array} \right) \\ + 0.001 e^{-2\mu_{5\otimes} - 0.1468}(0.0348\mu_{5\otimes} + 0.25\mu_{5\otimes}^2)^{-\frac{1}{2}} \times sh(4\mu_{5\otimes}^2 + 0.5567\mu_{5\otimes})^{\frac{1}{2}} \end{array} \right] \tag{9.31}$$

2）综合效能关于修复率和失效率函数的单调性分析

此处以子系统 2（任务规划与控制系统）为例，画出可重复使用运载火箭系统效能与子系统的失效率 $\lambda$ 和修复率 $\mu$ 之间的函数关系，如图 9.8 和图 9.9 所示。

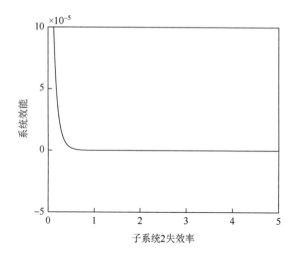

图 9.8　可重复使用运载火箭系统效能与子系统失效率间的关系变化图

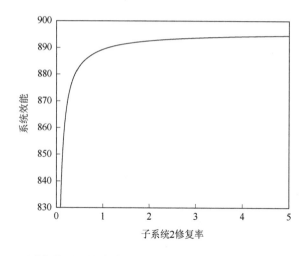

图 9.9　可重复使用运载火箭系统效能与子系统修复率间的关系变化图

　　从图 9.8 和图 9.9 可以看出，运载火箭系统效能 $E$ 是失效率的单调递减函数，是修复率的单调递增函数，即运载火箭系统效能与失效率呈负相关关系，与修复率呈正相关关系，这点符合实际。

　　3）综合效能对修复率和失效率的灵敏度分析

　　（1）分析式（9.28）～式（9.31）四个函数，随着子系统失效率的升高，运载火箭系统效能降低，且下降速度几乎一致，即各个子系统的失效率参数对运载火箭系统效能的影响程度几乎相同。

　　（2）分析式（9.28）～式（9.31）四个函数，随着子系统修复率的升高，运载火箭系统效能提升，且在修复率低于 0.05 时，效能激增；同时，子系统 $x_5$ 的综合效能提升速度要大于其他子系统，子系统 $x_5$ 的修复率参数对运载火箭系统效能的影响程度要大于其他子系统的修复率参数。

根据以上分析发现，各个可重复使用运载火箭子系统对系统效能的影响并不一致，且随着子系统可靠性的提升，效能增长的边际效益逐渐减弱，考虑到可靠性提升带来成本的增加，在满足现实需求的条件下，权衡效能与成本费用为良策。根据效能关系式对子系统的可靠性参数进行灵敏度分析、增长趋势分析等，发现了对系统效能影响较大的子系统参数以及增长规律，为可重复使用运载火箭系统的参数设计等提供了依据。

## 9.4　本 章 小 结

本章采用灰色 ADC 模型解决贫信息背景下的可重复使用运载火箭综合效能评估问题。可重复使用运载火箭的可用性、可信性、综合能力指标测算所需参数（如执行任务能力、保障任务能力以及完成任务能力）具有不确定性、测量成本高、难以测度的特点，航天型号属于典型的复杂产品，由于在进行复杂系统效能评估分析时，各设备、各阶段都受到随机性和不确定性的影响，这项工作面临一些问题。航天型号效能是一种动态能力的测度，与基于装备性能的静态能力评估存在差别。子系统一般采用技术较为成熟的产品、组件，因此将可重复使用运载火箭系统分解至数据易收集的子系统级别，同时以区间灰数表征不确定性参数，会使得该模型更具实用性。目前基于 ADC 模型的装备系统效能评估研究中，对可用性与可信性指标的测算均过于简化，导致效能评估结果误差较大。由于可重复使用运载火箭系统是几个子系统组合而成的复杂装备系统，数据不易直接获得，因此本章将可重复使用运载火箭系统执行任务的过程看作一个随机过程。显然，该过程是一个时间连续、状态离散的 Q-过程，建立包含灰色矩阵的过程平衡方程组，以求解系统可用性；应用 Kolmogorov 前进方程，建立包含灰色矩阵的可信性矩阵计算方程组，以求解系统可信性。

# 第 10 章　结论与展望

运载火箭一直以来是航天项目的重点研究对象。随着"通用化、系列化、组合化"的设计思路和子级模块复用等新兴技术的使用，运载火箭的研制进入了一个新的黄金时代。21 世纪以来，可重复发射、清洁燃料、一箭多星方案等此类高可靠、低成本、快速响应的航天运输技术越来越得到重视，其中可重复使用运载火箭因为其廉价、可靠、快速进入空间等优点得到国际航天科技研究领域的重点关注。我国运载火箭的系统复杂、研制难度较大、研制周期长、技术状态变化多等问题始终阻碍着运载火箭的发展，因此正确估算可重复使用运载火箭的研制费用以及确定重复发射次数等是使得可重复使用运载火箭达到经济效益最大化且实现可持续发展的"关键手"。由此，本书在贫信息背景下，结合可重复使用运载火箭研制实践，构建出航天型号任务研制以"递增—回溯—递归"为内涵特征的 V-R$^3$ 系统工程模式，进而构建可重复使用运载火箭的研制费用和最优利用次数模型，预测研制方案成本，最后从 GERT 网络描述火箭回收维修的流程出发，进行部件级别的成本费用估算，实现对可重复使用运载火箭研制费用方案的综合优选。本章将对全书的研究内容进行总结，并对未来的可重复使用运载火箭的研究工作进行展望。

## 10.1　总　　结

本书主要对可重复使用运载火箭研制全过程的研制费用及可重复利用次数进行研究，着重关注从整体层面、部件级别层面对运载火箭研制费用进行预测、调整与优化，深入研究可重复使用运载火箭技术经济最优解决办法。本书所做的主要工作及取得的主要研究成果总结如下。

（1）提出航天型号任务中的系统工程新模式框架。首先，通过分析航天型号系统工程（技术过程与管理过程），对航天型号系统工程"V"形特征和航天型号 R$^3$ 系统工程要素进行分析，提出航天型号 V-R$^3$ 系统工程模式，从而对可重复使用运载火箭研制技术经济集成优化进行框架设计，其中包括运载火箭效能评估框架和运载火箭费用估算框架。其次，针对可重复使用运载火箭小样本特征，设计了不同研制阶段的费用估算框架。最后，以可重复使用运载火箭为例，具体阐明了这一系统工程模式的实践可行性，为贫信息背景下的可重复使用运载火箭技术经济集成优化提供了理论框架。

（2）构建贫信息背景下可重复使用运载火箭研制费用粗估与概估模型。为了更为准确地进行研制费用估算，首先，采用灰色关联度对研制费用的关键影响因子进行筛选。其次，借助灰色系统思想，根据样本数据与目标模型的灰色关联度再次进行筛选，并构建分数阶累加的运载火箭成本估算 GM(0,N)模型。再次，构建基于灰色聚类样本筛选的分数阶累加预测模型和研制费用粗估模型，并设计了基于灰色聚类的 GM-PLS 的可重复使用运载火箭研制费用概估模型。最后，采用分数阶累加和偏最小二乘法对费用估算模型进行求解，为可重复使用运载火箭全寿命周期费用测算提供了理论依据。

（3）构建基于 COCOMO II 的可重复使用运载火箭研制费用精估模型。首先，对可重复使用运载火箭的研制全过程进行分析。其次，基于运载火箭费用粗算结果，根据可重复使用运载火箭的产品分解结构，将其每一部分产品转化为 BOM，借助 BOM 模型和财务报表得出其精算费用。最后，基于参数法和 COCOMO II 模型，进行了可重复使用运载火箭研制费用的粗算和精算，为贫信息背景下的运载火箭研制方案费效优化提供了指导。

（4）构建获取最大经济效益的可重复使用运载火箭最优利用次数模型。首先，对可重复使用运载火箭的最优利用次数进行影响因素分析。其次，以经济效益最大化的运载火箭最优利用次数作为目标函数构建可重复使用运载火箭最优利用次数模型。最后，以"猎鹰 9 号"为例，开展仿真计算分析，并对仿真结果进行了参数敏感度分析，由此来验证上述最优次数求解模型的可行性。

（5）构建基于灰色 GERT 的可重复使用运载火箭研制与发射方案综合优选模型。以上文从整体层面对可重复使用运载火箭进行成本费用的大致估算为基础，从 GERT 网络描述火箭回收维修的流程出发，从部件级别对成本费用进行估算。首先，构建可重复使用运载火箭研制费用 GERT 网络仿真模拟模型。其次，提出可重复使用运载火箭 GERT 网络解析算法及 GERTS 拓展方法。最后，采用 Matlab 对可重复使用运载火箭的实际案例进行仿真计算和结果分析，为研制与发射方案综合优选提供了解决方案。

总之，本书在贫信息背景下，在借鉴系统工程理论和管理理论的最新研究成果的基础上，从理论、方法和技术实现三个方面，对可重复使用运载火箭技术经济优化的理论和方法进行了丰富和完善。其方法也可应用于其余可重复使用运载器等领域，具有较好的研究意义和应用价值。

## 10.2 研 究 展 望

随着我国航天科研技术的持续发展，通过对运载火箭技术的深入分析，结合我国商业航天的发展前景可知，可重复使用是运载火箭发展的必然趋势。航天重大装备研制技术难度大，参与方众多，装备系统结构和技术复杂，主制造商与供应商之间信息不对称，以及设计、材料、工艺、人员等多维度因素的影响，使其可靠性设计、试验、增长和优化过程面临重重困难。同时，可靠性试验往往会破坏装备的使用价值，加之受复杂系统特性、现有观测手段和人们认知能力局限，以及数据获取方式、采集设备、存储技术差异等的影响，掌握的可靠性增长数据通常为兼具随机、模糊、灰色、粗糙等多种不确定性信息特征的复杂数据，即一般不确定性数据。因此，针对本书研究内容，未来有如下值得研究的方面。

（1）在基于 V-R$^3$ 模型的可重复使用运载火箭技术经济一体化框架设计方面，贫信息、小样本和研制的复杂性给研制费用估算框架构建带来了挑战，可进一步紧密结合灰色模型并优化"递增—回溯—递归"的 V-R$^3$ 框架结构。考虑到在贫信息背景下，关键影响因子和目标变量之间大部分是非线性关系，灰色关联分析方法会导致部分关键因子被筛选掉，使得分数阶累加 GM(0,$N$)模型并不能完全满足估算的精度要求，需进一步结合非线性的预测方法，设计更加精确的灰色预测模型进行估算。

（2）在研究可重复使用运载火箭研制费用精估与粗/精算方面，本书采用参数法和 COCOMO II 模型进行计算。考虑到贫信息背景和参数法对于数据精度的要求较高，易出现准确性降低的情况。因此，需进一步设计具有较高精度的参数法，从而更加精准地对研制费用进行计算。

（3）在可重复使用运载火箭 GERT 网络仿真模拟方面，由于贫信息背景下的可预测性低和 GERT 网络本身存在问题，模型对网络中变化的节点不能进行较高精度的预测。因此，需要充分考虑灰色信息的影响，对 GERT 的网络结构进行优化升级。

（4）基于贫信息的可重复使用运载火箭研制费用估算模型研究是一类复杂大型设备的经济费用研究问题，类似的有航空发动机等大型复杂装备费用估算等，可对可重复使用运载火箭费用估算模型进行进一步研究，明确通用研究方法，并对模型进行泛化，同时抓住问题的特殊性与一般性。

（5）基于贫信息的可重复使用运载火箭研制费用估算模型研究仍立足在理论和研发阶段，需进一步考虑与大型复杂装备生产实践的差异，进行动态参数获取和测算，明确费用估算模型的可操作性和适用范围。

# 参 考 文 献

[1] 王国辉，曾杜娟，刘观日，等. 中国下一代运载火箭结构技术发展方向与关键技术分析[J]. 宇航总体技术，2021，5（5）：1-11.

[2] United Launch Alliance. Atlas V and Delta IV technical summary[EB/OL]. http://www. ulalaunch.com[2022-06-31].

[3] Russian Space Alliance. Russia's new-generation rocket gets go ahead [EB/OL]. http://www.russian spaceweb.com[2022-06-31].

[4] 吴小宁，唐海红，张秀刚. 俄罗斯"安加拉"火箭研制应用问题综合分析[J]. 国际太空，2020，（6）：49-53.

[5] 李虹，吴小宁. 俄罗斯航天在改革中寂寥前行[J]. 太空探索，2019，（5）：40-43.

[6] Chaize M，Collange G，Haessler S，et al. Ariane 6 industrialization concept and status[R]. The 68th International Astronautical Congress，2017.

[7] Nara T，Onga T，Niitsu M，et al. Development status of H3 launch vehicle[J]. Mitsubishi Heavy Industries Technical Review，2017，54（4）：37-44.

[8] 《世界航天运载器大全》编委会. 世界航天运载器大全[M]. 北京：宇航出版社，1996.

[9] 王辰，王小军，张宏剑，等. 可重复使用运载火箭发展研究[J]. 飞航导弹，2018，（9）：18-26.

[10] 李维东. 基于贫信息的新建工序质量控制图贝叶斯修正模型研究[D]. 南京：南京航空航天大学，2015.

[11] 岳洪江，刘思峰. 灰色系统理论的发展、应用与扩散特征研究[J]. 系统科学学报，2008，（4）：14-21.

[12] 李其深. 灰靶决策在油田开发方案评价中的应用[J]. 西南石油学院学报，1993，15（1）：102-107.

[13] 田厚建，吴强，刘炳琪. 灰靶：军事决策模型的广义解[J]. 军事运筹与系统工程，1997，2：18-20.

[14] Chen S W，Li Z G，Xu Q S. Grey target theory based equipment condition monitoring and wear mode recognition[J]. Wear，2006，260（4/5）：438-449.

[15] 唐松云. 军事装备保障中的"贫"信息数据挖掘技术研究[D]. 武汉：华中科技大学，2005.

[16] Deng J L. Control problems of grey systems[J]. Systems & Control Letters，1982，1（5）：288-294.

[17] 陈绵云. 镗床控制系统的灰色动态[J]. 华中工学院学报，1982，（6）：7-11.

[18] 陈绵云. 灰色理论是一个新的研究方向[J]. 未来学论文集（Ⅰ），1984，26-32.

[19] Chen M Y. Uncertainty analysis and grey modeling[R]. International Symposium on Uncertainty Modeling & Analysis，1990.

[20] 邓聚龙. 灰色控制系统[M]. 3 版. 武汉：华中理工大学出版社，1988.

[21] Chen M Y. System cloud and its grey model[R]. The 4th Japanese Sino Sapporo International Conference on Computer Applications，1990.

[22] Chen M Y. Grey dynamic modeling and prediction control of macroeconomic systems[R]. The IFAC Workshop on Modeling Decision and Game with Application to Social Phenomena，1990.

[23] Chen M Y. Grey system and its dynamic modeling[J]. Sinal and System，1992，2：89-96.

[24] 陈绵云. 趋势关联度及其在灰色建模中的应用[J]. 华中理工大学学报，1994，22（8）：66-68.

[25] Fayyd U M，Piatetsky-Shapiro G，Smyth P. Knowledge discovery and data mining：towards a unifying framework[R]. The Second International Conference on Knowledge Discovery and Data Mining，1996.

[26] Deng J L. Figure on difference information space in grey relational analysis source [J]. Journal of Grey Systems，2004，16（2）：96-100.

[27] 周文浩，曾波. 灰色关联度模型研究综述[J]. 统计与决策，2020，36（15）：29-34.

[28] 国家科学技术委员会. 中国软科学（1978～1992 年）[M]. 武汉：华中理工大学出版社，1993.

[29] 刘思峰，史本广. 灰色系统理论在科学发展中的作用和地位[J]. 农业系统科学与综合研究，2000，16（3）：168-170.

[30] 刘思峰. 灰色系统理论的产生与发展[J]. 南京航空航天大学学报，2004，36（2）：268-272.

[31] 李孜军. 1992—2001 年我国灰色系统理论应用研究进展[J]. 系统工程，2003，21（5）：8-12.

[32] 方世力. 基于灰信息的运载火箭方案优选与研制费用估算模型研究[D]. 南京：南京航空航天大学，2016.

[33] 彭钰栋. 航天运载火箭型号研制费用估算方法的研究[D]. 哈尔滨：哈尔滨工业大学，2012.

[34] 驭驰. 国内民营第二发：谷神星一号商业运载火箭首飞成功[J]. 太空探索，2020，（12）：5.

[35] 商业航天的新高度：中国民营运载火箭零的突破[J]. 国际太空，2019，（8）：78.

[36] Corl F，Do P，Iyengar S V. Reliability products for Space Launch Vehicle safety assessments [R]. 2014 Reliability and Maintainability Symposium，2014.

[37] Voronka N，Demidovich N，DiNofrio J. Commercial space vehicle tracking using ADS-B[R]. 2018 Integrated Communications，Navigation，Surveillance Conference，2018.

[38] 闫彦，张振明，田锡天，等. 基于作业成本法的飞机产品成本估算研究[J]. 机械设计与制造，2008，（10）：229-231.

[39] 刘志伟. 大型复杂装备费用预测有关问题探讨[J]. 装备制造技术，2008，（8）：149-151.

[40] 解建喜，宋笔锋，刘东霞，等. 基于灰色关联分析理论和等工程价值比方法的飞行器研制生产费用研究[J]. 兵工学报，2007，28（2）：223-227.

[41] 张博，陈国宇，邵怀静. 我国商业遥感产业发展现状及策略思考[J]. 卫星应用，2018，（8）：45-48.

[42] Cohen D A. A LightSAR mission design study for a NASA-sponsored joint commercial/

science SAR remote sensing mission[R]. IGARSS'98 Sensing and Managing the Environment，
1998.

[43] Madden M. GeoEye-1, the world's highest resolution commercial satellite[R]. 2009 Conference on Lasers and Electro-Optics and 2009 Conference on Quantum electronics and Laser Science Conference，2009.

[44] 姜景山，王文魁，都亨. 空间科学及应用现状和产业化前景[J]. 中国航天，2002，（5）：8-14.

[45] Steindorfer M A， Kirchner G, Koidl F，et al. Space debris science at the satellite laser ranging station Graz[R]. 2017 IEEE International Conference on Environment and Electrical Engineering and 2017 IEEE Industrial and Commercial Power Systems Europe，2017.

[46] 王振国，罗世彬，吴建军. 可重复使用运载器研究进展[M]. 长沙：国防科技大学出版社，2004.

[47] 冯韶伟，马忠辉，吴义田，等. 国外运载火箭可重复使用关键技术综述[J]. 导弹与航天运载技术，2014，（5）：82-86.

[48] 鲁宇，汪小卫，高朝辉，等. 重复使用运载火箭技术进展与展望[J]. 导弹与航天运载技术，2017，（5）：1-7.

[49] ZH. 印度航天获 600 亿卢比政府预算并计划 6 月进行 RLV-TD 首次试验[J]. 航天工业管理，2015，（3）：40.

[50] 张登成，唐硕. 美国重复使用运载器的发展历史、现状及启示[J]. 导弹与航天运载技术，2003，（5）：20-27.

[51] 单文杰，代坤，康斯贝. 美国猎鹰-9 可重复使用火箭方案研究[J]. 国际太空，2012，（12）：15-19.

[52] 张国成，姚彦龙，王慧. 美国两级入轨水平起降可重复使用空天运载器发展综述[J]. 飞机设计，2018，38（2）：1-6.

[53] YG. 法国可重复使用火箭发动机获 ESA 立项[J]. 航天工业管理，2017，（3）：43.

[54] 俄罗斯可复用火箭拟 2026 年首飞[J]. 中国航天，2020，（11）：74.

[55] 孙为钢，严贺彪. 商业化智能化环境下运载火箭技术融合发展研究[J]. 中国航天，2020，（11）：27-31.

[56] 果琳丽，刘竹生，朱维增，等. 未来运载火箭重复使用的途径选择及方案设想[J]. 导弹与航天运载技术，1998，（6）：3-9.

[57] 果琳丽，刘竹生，朱永贵，等. 两级入轨完全重复使用运载火箭的方案分析与轨道仿真计算[J]. 导弹与航天运载技术，1999，（6）：1-9.

[58] 龙乐豪，蔡巧言，王飞，等. 重复使用航天运输系统发展与展望[J]. 科技导报，2018，36（10）：84-92.

[59] 欧峰，张晓慧. 可重复使用运载器健康管理技术研究[R]. 中国指挥与控制学会空天安全平行系统专业委员会，2017.

[60] 李志杰，果琳丽，张柏楠，等. 可重复使用航天器任务应用与关键技术研究[J]. 载人航天，2016，22（5）：570-575.

[61] 吴冬梅. 可重复使用航天器方案阶段风险分析方法选择研究[D]. 哈尔滨：哈尔滨工业大学，2016.

[62] 郑雄，杨勇，姚世东，等. 法尔肯 9 可重复使用火箭发展综述[J]. 导弹与航天运载技术，2016，（2）：39-46.

[63] 徐大富，张哲，吴克，等. 垂直起降重复使用运载火箭发展趋势与关键技术研究进展[J]. 科学通报，2016，61（32）：3453-3463.

[64] 杨开，米鑫. SpaceX 公司重复使用运载火箭发展分析[J]. 国际太空，2020，（9）：13-17.

[65] 高朝辉，张普卓，刘宇，等. 垂直返回重复使用运载火箭技术分析[J]. 宇航学报，2016，37（2）：145-152.

[66] Large J, Gillespie K. A critique of aircraft airframe cost models, R-2194-AF[R]. RAND Report，1977.

[67] 张恒喜，等. 现代飞机效费分析[M]. 北京：航空工业出版社，2001.

[68] 涂延军. 飞机飞控系统 LCC 和系统效能分析与评价[D]. 西安：西北工业大学，2003.

[69] 朱家元，虞建飞，张恒喜. ANFIS 网络在机载电子设备费用估算中的应用[J]. 系统工程与电子技术，2002，24（3）：57-60.

[70] 白暴力，杨琳，陈云翔. 飞机维修费用估算的分析[J]. 空军工程大学学报（自然科学版），2005，6（5）：8-10.

[71] 郭风，张恒喜，李寿安，等. 基于偏最小二乘回归的飞机维修保障费用预测[J]. 空军工程大学学报（自然科学版），2005，6（3）：10-11，15.

[72] Yu J Q, Cha J Z, Lu Y P, et al. A CAE-integrated distributed collaborative design system for finite element analysis of complex product based on SOOA[J]. Advances in Engineering Software，2010，41（4）：590-603.

[73] Hardstone G A P. Capabilities, structures and strategies re-examined: incumbent firms and the emergence of complex product systems（CoPS）in mature industries[J]. Technology Analysis & Strategic Management，2004，16（2）：173-196.

[74] 唐亚刚，袁永欣，龙威，等. 基于 CER 的运载火箭研制费用估算[J]. 载人航天，2014，20（4）：367-370，385.

[75] Shi J J, Zhou S Y. Quality control and improvement for multistage systems: a survey[J]. IIE Transactions，2009，41（9）：744-753.

[76] Chan H K. Supply chain systems: recent trend in research and applications[J]. IEEE Systems Journal，2011，5（1）：2-5.

[77] 胡晓东，刘均华，王易南. 运载火箭研制经费估算方法[J]. 导弹与航天运载技术，2010，（3）：20-23.

[78] Sage A P, Cuppan C D. On the systems engineering and management of systems of systems and federations of systems[J]. Information Knowledge Systems Management，2001，2（12）：325-345.

[79] Gorod A, Sauser B, Boardman J. System-of-systems engineering management: a review of

modern history and a path forward[J]. IEEE Systems Journal, 2008, 2 (4): 484-499.

[80] 陈郁虹, 刘军. 灰色预测在无人机维修费用估算中的应用[J]. 北京航空航天大学学报, 2004, 30 (3): 214-216.

[81] Curran R, Raghunathan S, Price M. Review of aerospace engineering cost modelling: the genetic causal approach[J]. Progress in Aerospace Sciences, 2004, 40 (8): 487-534.

[82] Jeong S, Bae J, Jeong G, et al. Development trend of the reusable space launch vehicle[J]. Journal of the Korean Society for Aeronautical & Space Sciences, 2017, 45 (12): 1069-1075.

[83] Schwabe O, Shehab E, Erkoyuncu J. A framework for geometric quantification and forecasting of cost uncertainty for aerospace innovations[J]. Progress in Aerospace Sciences, 2016, 84: 29-47.

[84] Yu L U, Qin X D, Chen H P. Low cost and reusability of launch vehicle[J]. Aerospace China, 2016, 17 (2): 37-44.

[85] Dinardi A, Capozzoli P, Shotwell G. Low-cost launch opportunities provided by the falcon family of launch vehicles[R]. The Fourth Asian Space Conference, 2008.

[86] Seedhouse E. SpaceX: Making Commercial Spaceflight a Reality[M]. Berlin: Springer, 2013.

[87] Jones H. The recent large reduction in space launch cost[R]. 48th International Conference on Environmental Systems, 2018.

[88] Reddy V S. The SpaceX effect[J]. New Space, 2018, 6 (2): 125-134.

[89] Durbin T D. Model predictive control for the fuel-optimal guidance and control of a reusable launch vehicle[D]. Leuven: Catholic University of Leuven, 2018.

[90] 刘博, 申麟. "猎鹰" 9 火箭一子级海上回收试验成功及成本分析[J]. 中国航天, 2016, (5): 22-25.

[91] 庄方方, 汪小卫, 吴胜宝. 可重复使用运载火箭全寿命周期费用分析[J]. 导弹与航天运载技术, 2016, (6): 82-85.

[92] 牟宇, 魏威. 火神火箭技术方案及低成本控制措施分析[J]. 中国航天, 2016, (7): 10-15.

[93] 李莲, 魏威. 基于财务管理视角的 SpaceX 公司火箭低成本分析及启示[J].中国航天, 2018, (8): 51-55.

[94] 李飞, 王郁景, 樊晓雨. SpaceX 猎鹰火箭低成本探究及启示[J].国防科技工业, 2018, (10): 64-67.

[95] 周伟, 罗建军, 郝辉. 固体运载火箭多级组合优选多属性评价方法[J]. 宇航学报, 2017, 38 (2): 115-122.

[96] 杨希祥, 江振宇, 张为华. 基于运载能力评估的固体运载火箭推力向量控制方案比较[J]. 国防科技大学学报, 2010, 32 (1): 16-21.

[97] 杨梅英, 沈梅子. 基于灰色组合模型的发动机研制费用估算研究[J]. 数学的实践与认识, 2006, 36 (10): 161-166.

[98] 何沙玮, 刘思峰, 方志耕. 基于 I-GM(0,N)模型的干线客机价格预测方法[J]. 系统工程理论与实践, 2012, 32 (8): 1701-1707.

[99] 刘凤华，谢乃明. 小样本、贫信息下民用飞机费用估算模型及算法[J]. 系统仿真学报，2014，26（3）：687-691.

[100] 李登科，张恒喜，李寿安. 基于 BP 神经网络的飞机机体研制费用估算[J]. 弹箭与制导学报，2005，（S5）：626-628.

[101] 黄隽，曲东才，吴晓男. 基于 RBF 神经网络的军机研制费用估算模型研究[J]. 飞机设计，2004，（1）：42-46.

[102] 于小红，蔡远文，杨仁保. 运载火箭发射过程效能评估方法研究[J]. 航天控制，2004，22（1）：50-54.

[103] 廖武，陈云翔，孟飙. 基于 DEA 的装备费效分析[J]. 计算机工程与应用，2007，（9）：219-222.

[104] 张雪松. 小卫星发射的费效比[J]. 卫星与网络，2015，（12）：28-30.

[105] 龙乐豪，郑立伟. 关于重型运载火箭若干问题的思考[J]. 宇航总体技术，2017，1（1）：8-12.

[106] 刘嬿，陈亮，邹薇，等. 国外降低运载火箭成本途径分析及对策建议[J]. 中国航天，2018，（5）：38-41.

[107] 鲁宇. 中国运载火箭技术发展[J]. 宇航总体技术，2017，1（3）：1-8.

[108] 毕海亮. 国外新型运载火箭型号研制进度概览[J]. 中国航天，2018，（11）：48-53.

[109] 王洪娟. 海外重型运载火箭构型发展趋势研究[J]. 科技经济导刊，2019，27（7）：74.

[110] 杨浩亮，刘立东，郭凤明. 国外新型商业小型运载火箭成本控制措施简析[J]. 国际太空，2017，（11）：19-23.

[111] 钱学森. 新技术革命与系统工程：从系统科学看我国今后 60 年的社会革命[J]. 世界经济，1985，（4）：1-9.

[112] INCOSE. INCOSE Systems Engineering Handbook：A Guide for System Life Cycle Processes and Activities[M]. Hoboken：John Wiley and Sons，Inc.，2015.

[113]《中国航天事业发展的哲学思想》编委会. 中国航天事业发展的哲学思想[M]. 2 版. 北京：北京大学出版社，2016.

[114] Hirshorn S R V. NASA Systems Engineering Handbook [EB/OL]. https://www.nasa.gov/feature/release-of-revision-to-the-nasa-systems-engineering-handbook-sp-2016-6105-rev-2[2022-06-17].

[115] 周偶，唐玉华，金柏冬，等.国外大型复杂系统全寿命周期模型与系统工程过程应用综述[J]. 质量与可靠性，2014，（6）：51-59.

[116] 钱学森，等. 论系统工程：新世纪版[M]. 上海：上海交通大学出版社，2007.

[117] 宋征宇，胡海峰，刘继忠. 运载火箭控制系统最佳实践[M]. 北京：中国宇航出版社，2019.

[118] 于景元. 从系统思想到系统实践的创新：钱学森系统研究的成就和贡献[J]. 系统工程理论与实践，2016，36（12）：2993-3002.

[119] 盛昭瀚，薛小龙，安实. 构建中国特色重大工程管理理论体系与话语体系[J]. 管理世界，2019，35（4）：2-16，51，195.

[120] 栾恩杰. 中国航天的系统工程[J]. 航天工业管理，2019，（10）：16-22.

[121] 郭宝柱. 中国航天系统工程方法与实践[J]. 复杂系统与复杂性科学，2004，（2）：16-19.

[122] 于景元, 高露. 系统工程与总体设计部[J]. 中国航天, 2018, (8): 7-12.

[123] Wibben D R, Furfaro R. Model-Based Systems Engineering approach for the development of the science processing and operations center of the NASA OSIRIS-REx asteroid sample return mission[J]. Acta Astronautica, 2015, 115: 147-159.

[124] Schneidewind N. Complexity-driven reliability model[J]. International Journal of Reliability, Quality and Safety Engineering, 2008, 15 (5): 479-494.

[125] 于景元, 周晓纪. 从综合集成思想到综合集成实践: 方法、理论、技术、工程[J]. 管理学报, 2005, (1): 4-10.

[126] 袁家军. 中国航天系统工程与项目管理的要素与关键环节研究[J]. 宇航学报, 2009, 30 (2): 428-431.

[127] 郭宝柱. 系统科学的理论与方法在航天项目管理中的应用研究[J]. 宇航学报, 2008, (1): 29-33.

[128] 孟华, 麦强, 安实. 考虑人及组织因素的航天工程项目风险分析模型[J]. 中国空间科学技术, 2012, 32 (1): 60-65, 76.

[129] 鲁宇. 航天工程技术风险管理方法与实践[M]. 北京: 中国宇航出版社, 2014.

[130] 张柏楠, 戚发轫, 邢涛, 等. 基于模型的载人航天器研制方法研究与实践[J]. 航空学报, 2020, 41 (7): 78-86.

[131] 约翰·米勒, 斯科特·佩奇. 复杂适应系统: 社会生活计算模型导论[M]. 隆云滔, 译. 上海: 上海人民出版社, 2020.

[132] 盛昭瀚, 于景元. 复杂系统管理: 一个具有中国特色的管理学新领域[J]. 管理世界, 2021, 37 (6): 2, 36-50.

[133] 徐峰, 盛昭瀚, 丁斅, 等. 重大工程情景鲁棒性决策理论及其应用[M]. 北京: 科学出版社, 2018.

[134] 魏宏森. 钱学森构建系统论的基本设想[J]. 系统科学学报, 2013, 21 (1): 1-8.

[135] 顾基发. 物理事理人理系统方法论的实践[J]. 管理学报, 2011, 8 (3): 317-322, 355.

[136] 钱学森, 许国志, 王寿云. 组织管理的技术: 系统工程[J]. 上海理工大学学报, 2011, 33 (6): 520-525.

[137] 唐伟, 刘思峰, 王翔, 等. V-R³系统工程模式构建与实践: 以载人空间站工程为例[J]. 管理世界, 2020, 36 (10): 203-213.

[138] 唐伟, 孙泽洲, 刘思峰, 等. 举国体制下中国航天复杂系统管理实践与启示[J]. 管理世界, 2022, 38 (9): 221-236.

[139] 杨瑞生, 陈友伟, 王婧超, 等. 商业化液体火箭箭体结构低成本快捷制造技术[J]. 深空探测学报 (中英文), 2021, 8 (1): 70-79.

[140] 南博华. 新一代运载火箭轻量化箭体结构制造技术[EB/OL]. https://kns.cnki.net/kcms2/article/abstract?v=axnrJTP8flwSFFrOlIQ1vjryXK6-UJtaq1wzoxNlcZHKQALLlaKX-_lUMQranWFJLjiBCuDjEf4zq2Ujttj-r7Ob0DazSOZu5YCI0rSebNPiAGS8rcP-WXoBS1uI-ymhZn8YuLeiYYFg-Uguifg_ew==&uniplatform=NZKPT&language=CHS[2020-09-24].

[141] 姚君山，蔡益飞，李程刚. 运载火箭箭体结构制造技术发展与应用[J]. 航空制造技术，2007，（10）：36-40，42.

[142] 郑正路，叶青，李烁，等. 运载火箭箭体结构低成本途径及性能影响分析[J]. 航天制造技术，2019，（6）：11-15.

[143] 姚君山，蔡益飞，李程刚. 运载火箭箭体结构制造技术发展与应用[J]. 航空制造技术，2007，（10）：36-40，42.

[144] 张德雄，李宏军. 近年固体火箭推进技术发展趋势[J]. 固体火箭技术，1997，（2）：1-6，26.

[145] Watkins W B . Rocket Propulsion System[P]：US，US6606853 B2. 2003.

[146] Geisler R L，Mahaffy K E . Propulsion system，opposing grains rocket engine，and method for controlling the burn rate of solid propellant grains[J]. United States Patent 8051640，2011.

# 附　录

## 附录 A　专家信息

本书中可重复使用运载火箭箭体结构的费用影响因子，可重复使用运载火箭推进系统的费用影响因子，德尔菲法、专家评判等方法得出的权重、参数因子及指标均由多位专家评议得出，参与评议的专家信息如附表 A.1 所示。

附表 A.1　专家信息表

| 序号 | 姓名 | 学历 | 职称 | 资历 |
|------|------|------|------|------|
| 1 | 宋某某 | 博士 | 研究员 | 运载火箭设计总师 |
| 2 | 吴某某 | 博士 | 研究员 | 运载火箭总体设计 |
| 3 | 胡某某 | 博士 | 研究员 | 运载火箭控制系统副总师 |
| 4 | 谢某某 | 博士 | 教授 | 灰色系统研究 |
| 5 | 杨某某 | 博士 | 高级工程师 | 运载火箭结构设计 |

## 附录 B　工作量乘数计算过程

附表 B.1　工作量乘数专家打分表

| 项目 | 专家 1 | 专家 2 | 专家 3 | 专家 4 | 专家 5 |
|------|--------|--------|--------|--------|--------|
| 数据库规模 | 1.14 | 1.14 | 1.12 | 1.24 | 1.26 |
| 产品复杂性 | 1.42 | 1.38 | 1.34 | 1.29 | 1.25 |
| 匹配 LCC 文档编制 | 0.88 | 1.01 | 0.95 | 1.03 | 0.90 |
| 语言和工具经验 | 0.79 | 0.82 | 0.84 | 0.85 | 0.89 |
| 分析员能力 | 0.71 | 0.72 | 0.82 | 0.76 | 0.77 |
| 应用经验 | 0.88 | 0.92 | 0.90 | 0.89 | 0.90 |
| 要求的开发进度 | 0.88 | 1.00 | 0.98 | 1.11 | 1.05 |
| 平台经验 | 1.20 | 1.12 | 1.15 | 1.24 | 1.08 |
| 多点开发 | 0.91 | 0.94 | 0.92 | 0.85 | 0.81 |

续表

| 项目 | 专家 1 | 专家 2 | 专家 3 | 专家 4 | 专家 5 |
|---|---|---|---|---|---|
| 要求的软件可靠度 | 1.48 | 1.50 | 1.54 | 1.55 | 1.53 |
| 执行时间约束 | 1.67 | 1.62 | 1.68 | 1.58 | 1.60 |
| 可复用开发 | 0.88 | 0.85 | 0.88 | 0.81 | 0.85 |
| 主存储约束 | 0.98 | 1.00 | 1.02 | 1.05 | 0.97 |
| 平台易变性 | 0.75 | 0.78 | 0.79 | 0.79 | 0.82 |
| 程序员能力 | 0.67 | 0.81 | 0.71 | 0.62 | 0.72 |
| 人员连续性 | 1.02 | 0.85 | 0.98 | 1.00 | 1.18 |
| 软件工具的使用 | 0.82 | 0.88 | 1.00 | 0.91 | 0.75 |

**附表 B.2　工作量乘数后验分布**

| 项目 | 专家 1 | 专家 2 | 专家 3 | 专家 4 | 专家 5 |
|---|---|---|---|---|---|
| 数据库规模 | 0.1968 | 0.2884 | 0.0930 | 0.1556 | 0.2662 |
| 产品复杂性 | 0.2166 | 0.3086 | 0.0984 | 0.1430 | 0.2334 |
| 匹配 LCC 文档编制 | 0.1885 | 0.3172 | 0.0979 | 0.1604 | 0.2360 |
| 语言和工具经验 | 0.1925 | 0.2929 | 0.0985 | 0.1506 | 0.2655 |
| 分析员能力 | 0.1943 | 0.2888 | 0.1080 | 0.1511 | 0.2579 |
| 应用经验 | 0.1995 | 0.3058 | 0.0982 | 0.1467 | 0.2498 |
| 要求的开发进度 | 0.1793 | 0.2986 | 0.0960 | 0.1643 | 0.2618 |
| 平台经验 | 0.2136 | 0.2922 | 0.0985 | 0.1604 | 0.2353 |
| 多点开发 | 0.2097 | 0.3175 | 0.1020 | 0.1423 | 0.2285 |
| 要求的软件可靠度 | 0.1995 | 0.2964 | 0.0999 | 0.1518 | 0.2524 |
| 执行时间约束 | 0.2098 | 0.2983 | 0.1016 | 0.1443 | 0.2460 |
| 可复用开发 | 0.2106 | 0.2982 | 0.1013 | 0.1409 | 0.2490 |
| 主存储约束 | 0.2005 | 0.2999 | 0.1004 | 0.1561 | 0.2430 |
| 平台易变性 | 0.1947 | 0.2969 | 0.0987 | 0.1491 | 0.2606 |
| 程序员能力 | 0.1898 | 0.3363 | 0.0968 | 0.1276 | 0.2496 |
| 人员连续性 | 0.2078 | 0.2538 | 0.0961 | 0.1481 | 0.2943 |
| 软件工具的使用 | 0.1966 | 0.3093 | 0.1154 | 0.1586 | 0.2201 |

### 附表 B.3　专家灰色关联系数

| 项目 | 专家 1 | 专家 2 | 专家 3 | 专家 4 | 专家 5 |
|------|--------|--------|--------|--------|--------|
| 数据库规模 | 0.8969 | 1.0000 | 0.9041 | 1.0000 | 0.7763 |
| 产品复杂性 | 0.5530 | 0.6519 | 0.7043 | 0.8709 | 0.8024 |
| 匹配 LCC 文档编制 | 0.4830 | 0.6817 | 0.5858 | 0.7690 | 0.4599 |
| 语言和工具经验 | 0.4165 | 0.4653 | 0.4771 | 0.5452 | 0.4512 |
| 分析员能力 | 0.3711 | 0.3987 | 0.4615 | 0.4759 | 0.3677 |
| 应用经验 | 0.4830 | 0.5586 | 0.5308 | 0.5829 | 0.4599 |
| 要求的开发进度 | 0.4830 | 0.6654 | 0.6246 | 0.9406 | 0.6472 |
| 平台经验 | 1.0000 | 0.9330 | 1.0000 | 1.0000 | 0.7045 |
| 多点开发 | 0.5102 | 0.5820 | 0.5515 | 0.5452 | 0.3919 |
| 要求的软件可靠度 | 0.4929 | 0.5089 | 0.4702 | 0.5210 | 0.4131 |
| 执行时间约束 | 0.3667 | 0.4174 | 0.3814 | 0.4979 | 0.3685 |
| 可复用开发 | 0.4830 | 0.4899 | 0.5116 | 0.5121 | 0.4195 |
| 主存储约束 | 0.5873 | 0.6654 | 0.6851 | 0.8058 | 0.5317 |
| 平台易变性 | 0.3925 | 0.4361 | 0.4400 | 0.4970 | 0.3985 |
| 程序员能力 | 0.3519 | 0.4576 | 0.3913 | 0.3974 | 0.3414 |
| 人员连续性 | 0.6427 | 0.4899 | 0.6246 | 0.7198 | 1.0000 |
| 软件工具的使用 | 0.4366 | 0.5171 | 0.6534 | 0.6038 | 0.3567 |